POINTS FIXES POUR LES APPLICATIONS COMPACTES : ESPACES DE LEFSCHETZ ET LA THÉORIE DE L'INDICE

Ce fascicule tient bien des exposés faits par Monsieur Andrzej Granas à la douzième session du Séminaire de mathématiques supérieures au Département de mathématiques et de statistique de l'Université de Montréal, tenue du 3 au 30 juin 1973. Cette session avait pour titre général «La théorie des points fixes et ses applications à l'analyse» et était placée sous les auspices du ministère de l'Éducation du Québec, du Conseil national de recherches du Canada et de l'Université de Montréal.

SÉMINAIRE DE MATHÉMATIQUES SUPÉRIEURES
DÉPARTEMENT DE MATHÉMATIQUES ET DE STATISTIQUE — UNIVERSITÉ DE MONTRÉAL

POINTS FIXES POUR LES APPLICATIONS COMPACTES: ESPACES DE LEFSCHETZ ET LA THÉORIE DE L'INDICE

ANDRZEJ GRANAS

Université de Montréal

suivi d'une annexe par

KAZIMIERZ GEBA

Université de Gdansk

1980
LES PRESSES DE L'UNIVERSITÉ DE MONTRÉAL
C.P. 6128, succ. «A», Montréal, Qué., Canada H3C 3J7

ISBN 2-7606-0466-7
DÉPÔT LÉGAL — 2e TRIMESTRE 1980 — BIBLIOTHÈQUE NATIONALE DU QUÉBEC

À ma femme

AVANT-PROPOS

Ce cours porte essentiellement sur la partie de la théorie des points fixes qui se trouve à la frontière de la topologie algébrique et de l'analyse fonctionnelle non linéaire. Il contient un exposé assez détaillé de la théorie des espaces de Lefschetz ainsi que de la théorie de l'indice pour les espaces non compacts. Le chapitre 11 peut servir d'introduction à la théorie de cohomologie en dimension infinie; le texte de M. Kazimierz Gęba, placé à la fin de ces notes présente quelques applications de cette théorie à la théorie de bifurcation. Le lecteur pourra trouver dans ces notes plusieurs théorèmes non encore publiés (en particulier dans les chapitres 2, 7 et 8) et aussi quelques généralisations et améliorations de détail dans l'exposé de résultats récents de la théorie asymptotique.

Je suis reconnaissant à tous ceux qui, à des degrés différents, m'ont aidé de leurs suggestions et, plus particulièrement, à MM. Gilles Fournier et Gilles Gauthier. Je voudrais aussi remercier vivement M. Marc Lassonde pour m'avoir assisté dans la rédaction de la version française de ces notes ainsi que Mme E. Massa pour sa préparation soigneuse du manuscrit, et Mlle J. Beausoleil pour la dactylographie du texte final.

Andrzej Granas

TABLE DES MATIÈRES

Chapitre 1

PRÉLIMINAIRES

Nous commençons par donner un bref exposé des définitions et théorèmes (bien connus pour la plupart) de topologie générale qui seront constamment utilisés par la suite.

1. Généralités

Dans ces notes, par *espace* nous entendrons toujours un espace topologique de Hausdorff et par *fonction* entre espaces une transformation continue. Si X et Y sont des espaces, $f : X \to Y$ signifie que f est une fonction de X dans Y. Etant donné un sous-espace A d'un espace X, nous désignons par $i : A \to X$ l'*injection canonique* de A dans X. Si $f : X \to Y$, alors $f_o : A \to Y$ définie par $f_o = f \circ i$ sera notée $f|A$ et appelée *restriction* de f à A. Nous écrivons aussi $f_o \subset f$ et appelons f un *prolongement* de f_o à X. Un sous-espace $A \subset X$ est un *rétract* de X s'il existe une fonction $r : X \to A$ telle que $r|A = 1_A$ (= application identique). La fonction r elle-même est appelée une *rétraction* de X sur A.

Soit $f : X \to Y$ une fonction telle que $f(A) \subset B$, où $A \subset X$ et $B \subset Y$. La fonction $f' : A \to B$ définie par $f'(a) = f(a)$, $a \in A$, est appelée la *contraction* de f à la paire (A,B). La contraction de f à (A,Y) est clairement la restriction $f|A$ de f à A.

Etant donné une famille de fonctions $\{h_t : X \to Y\}_{0 \leq t \leq 1}$, nous posons $h(x,t) = h_t(x)$ pour $(x,t) \in X \times [0,1]$; lorsque $h : X \times [0,1] \to Y$ est continue, $h_t : X \to Y$ $(0 \leq t \leq 1)$ est appelée une *homotopie*. On dit que deux fonctions $f,g : X \to Y$ sont *homotopes* (et on écrit $f \simeq g$) s'il existe une homotopie $h_t : X \to Y$ telle que $h_o = f$ et $h_1 = g$.

Recouvrements. Soient X un espace, K un sous-ensemble de X et $\alpha = \{U_i\}_{i \in I}$ une famille d'ensembles ouverts de X. On dit que α est un *recouvrement ouvert* de K dans X si K est contenu dans la réunion $\bigcup_{i \in I} U_i$. On note $Cov_X(K)$ l'ensemble de tous les *recouvrements ouverts* de K dans X. Etant donné deux recouvrements ouverts $\alpha, \beta \in Cov_X(K)$, on dit que β est *plus fin* que α (et on écrit $\alpha \leq \beta$) si chaque membre de β est contenu dans un membre de α. Il est clair que $\leq$ est une relation de préordre et que $Cov_X(K)$ ainsi préordonné est un ensemble filtrant à droite (quels que soient α et β, il existe γ tel que $\alpha \leq \gamma$ et $\beta \leq \gamma$). On pose $Cov_X(X) = Cov(X)$.

(1.1) DÉFINITION. Soient Y un espace et $\alpha \in Cov(Y)$. On dit que deux fonctions $f,g : X \to Y$ d'un espace X dans Y sont *α-proches* si $f(x)$ et $g(x)$ appartiennent à un ouvert commun $U_x \in \alpha$ pour chaque $x \in X$; dans ce cas, on dit aussi que l'une des fonctions est une *α-approximation* de l'autre. On dit qu'une homotopie $h_t : X \to Y$ $(0 \leq t \leq 1)$ est une *α-homo-*

topie si pour chaque $x \in X$ les valeurs de $h_t(x)$ appartiennent à un ouvert commun $U_x \in \alpha$ pour tout $t \in [0,1]$. Deux fonctions $f,g : X \to Y$ sont α-*homotopes* s'il existe une α-homotopie joignant f et g .

2. Relations et types de relations entre fonctions

Dans la définition suivante, H désigne un foncteur d'homologie de la catégorie des espaces topologiques dans la catégorie des espaces vectoriels gradués.

Etant donné deux espaces X et Y , nous avons les relations d'équivalence suivantes entre fonctions $f,g : X \to Y$:

$$f = g \iff f \text{ est égale à } g$$

$$f \simeq g \iff f \text{ est homotope à } g$$

$$f \equiv g \iff H(f) = H(g) .$$

Pour chaque $\alpha \in \mathrm{Cov}(Y)$ on considère aussi les relations (non transitives) suivantes entre fonctions:

$$f \underset{\alpha}{=} g \iff f \text{ est } \alpha\text{-proche de } g$$

$$f \underset{\alpha}{\simeq} g \iff f \underset{\alpha}{=} g \text{ et } f \simeq g$$

$$f \underset{\alpha}{\approx} g \iff f \text{ est } \alpha\text{-homotope à } g$$

$$f \underset{\alpha}{\equiv} g \iff f \underset{\alpha}{=} g \text{ et } f \equiv g .$$

Chacune des relations

$$= \,,\ \simeq \,,\ \equiv \,,\ \underset{\alpha}{=} \,,\ \underset{\alpha}{\simeq} \,,\ \underset{\alpha}{\approx} \,,\ \underset{\alpha}{\equiv}$$

sera appelée une *relation de base entre fonctions.*

Notons que

$$f \underset{\alpha}{\approx} g \quad \text{implique} \quad f \underset{\alpha}{=} g$$

$$f \underset{\alpha}{=} g \quad \text{implique} \quad f\circ h \underset{\alpha}{=} g\circ h$$

$$f \underset{\alpha}{\approx} g \quad \text{implique} \quad f\circ h \underset{\alpha}{\approx} g\circ h$$

$$f \underset{\beta}{=} g \quad \text{et} \quad \alpha \leq \beta \quad \text{implique} \quad f \underset{\alpha}{=} g$$

$$f \underset{\beta}{\approx} g \quad \text{et} \quad \alpha \leq \beta \quad \text{implique} \quad f \underset{\alpha}{\approx} g \; .$$

Remarquons que, bien que le nombre de relations de base ne soit pas fini, il est clair qu'il existe seulement sept *types de relations* de base, à savoir:

$$"=" \; , \; "\simeq" \; , \; "\equiv" \; , \; "\underset{\alpha}{=}" \; , \; "\underset{\alpha}{\simeq}" \; , \; "\underset{\alpha}{\approx}" \; , \; "\underset{\alpha}{\equiv}" \; .$$

Par exemple, si $\alpha,\beta \in \mathrm{Cov}(Y)$, alors $\underset{\alpha}{=}$ et $\underset{\beta}{=}$ sont du même type.

Dans ce qui suit, chacune des relations de base entre fonctions sera notée $\sim$, et le type correspondant "$\sim$" .

(2.1) <u>DÉFINITION</u>. Considérons les diagrammes suivants

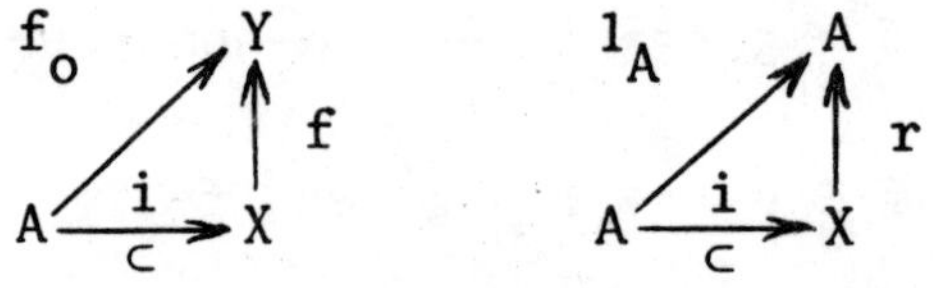

On dit que f est un *$\sim$-prolongement* de f_o à X si $f\circ i = f|A \sim f_o$. On dit que r est une *$\sim$-rétraction* si $r|A \sim 1_A$, ou, de façon équivalente, si

r est un $\sim$-prolongement de l'application identique 1_A à X . Lorsque $\sim$ est = , nous retrouvons les définitions habituelles de prolongement d'une fonction et de rétraction.

3. Formation de nouvelles classes d'espaces à partir d'anciennes

Soit $\sim$ une relation de base entre fonctions et soit $s : X \to Y$, $r : Y \to X$ une paire de fonctions entre espaces. On dit que X est $\sim$-*dominé* par Y si $rs \sim 1_X$. En particulier, on dit que

X est r-*dominé* par Y <=> $rs = 1_X$

X est *homotopie dominé* par Y <=> $rs \simeq 1_X$

X est α-*dominé* par Y <=> $rs \underset{\alpha}{=} 1_X$

X est α-*homotopie dominé* par Y <=> $rs \underset{\alpha}{\simeq} 1_X$.

(3.1) DÉFINITION. Soient Ω une classe d'espaces et "$\underset{\alpha}{\sim}$" l'un quelconque des quatres types "$\underset{\alpha}{=}$" , "$\underset{\alpha}{\simeq}$" , "$\underset{\alpha}{\approx}$" , "$\underset{\bar{\alpha}}{=}$" de relations non transitives de base entre fonctions. Nous introduisons de nouvelles classes d'espaces $\mathcal{R}(\Omega)$ et $\mathcal{D}(\Omega;\text{"}\underset{\alpha}{\sim}\text{"})$ comme suit:

$$X \in \mathcal{R}(\Omega) \iff X \text{ est r-dominé par } Y \in \Omega$$

$$X \in \mathcal{D}(\Omega;\text{"}\underset{\alpha}{\sim}\text{"}) \iff \begin{cases} \text{pour chaque } \alpha \in \mathrm{Cov}(X) \text{ , il existe} \\ Y_\alpha \in \Omega \text{ qui } \underset{\alpha}{\sim}\text{-domine } X \text{ .} \end{cases}$$

EXEMPLE 1. Soit Ω la classe de tous les espaces vectoriels normés. Alors $\mathcal{R}(\Omega)$ est la classe de tous les rétracts absolus (= AR) .

EXEMPLE 2. Soit Ω la classe de tous les ensembles ouverts dans des espaces vectoriels normés. Alors $\mathcal{R}(\Omega)$ est exactement la classe de tous les rétracts absolus de voisinages (= ANR) (cf. Chap. 2, Exemple 2).

EXEMPLE 3. Soit Ω la classe de tous les polyèdres infinis munis de la CW-topologie. Alors ANR $\subset \mathcal{D}(\Omega;\text{"}\underset{\alpha}{\approx}\text{"})$. Plus précisément, pour un espace métrique X , nous avons X $\in$ ANR <=> X $\in \mathcal{D}(\Omega;\text{"}\underset{\alpha}{\approx}\text{"})$ (Théorème de Dugundji [A, 1958]).

Nous noterons:

$$\mathcal{D}(\Omega) = \mathcal{D}(\Omega;\text{"}\underset{\alpha}{=}\text{"})$$

$$\mathcal{D}_h(\Omega) = \mathcal{D}(\Omega;\text{"}\underset{\alpha}{\simeq}\text{"})$$

$$\mathcal{D}_H(\Omega) = \mathcal{D}(\Omega;\text{"}\underset{\alpha}{\approx}\text{"}) .$$

Il est clair que $\mathcal{R}(\Omega) \subset \mathcal{D}_H(\Omega) \subset \mathcal{D}_h(\Omega) \subset \mathcal{D}(\Omega)$.

REMARQUE. On peut montrer facilement que les membres de $\mathcal{R}(\Omega)$ sont, à un homéomorphisme près, les rétracts d'espaces de la classe Ω .

4. Ensembles compacts dans un espace vectoriel topologique

Dans ce qui suit, nous ferons usage de quelques propriétés des parties compactes d'un espace vectoriel topologique. Commençons par la proposition très simple suivante:

(4.1) *Soient* E *un espace vectoriel topologique de dimension finie,* U *un ouvert dans* E *et* $K \subset U$ *un ensemble compact. Alors, il existe un polyèdre fini* $P \subset U$ *tel que* $K \subset P$.

PREUVE. On peut supposer, sans perte de généralité, que $E = R^n$ (car E est linéairement homéomorphe à un R^n). Décomposons R^n en un réseau constitué de cubes de même diamètre inférieur à $\mathrm{dist}(K,\delta U)$. Seul un nombre fini de ces cubes rencontre K et leur réunion donne le polyèdre cherché P.

(4.2) *Soient* E *un espace vectoriel topologique localement convexe et* K *un ensemble compact de* E. *Alors pour chaque recouvrement* $\alpha \in \mathrm{Cov}_E(K)$ *il existe une fonction* $\pi_\alpha : K \to E$ *telle que*

(i) π_α *et l'injection canonique* $i : K \to E$ *sont* α*-proches.*

(ii) $\pi_\alpha(K)$ *est contenu dans un sous-espace vectoriel de dimension finie de* E.

(iii) π_α *et* i *sont* α*-homotopes.*

PREUVE. Soit V un voisinage convexe et équilibré de l'origine dans E. Pour un point x dans E, posons $V(x) = x - V$. Les ensembles $V(x)$ forment un système fondamental de voisinage de x.

Soit α un recouvrement de K dans E. De la compacité de K on déduit qu'il existe un voisinage ouvert convexe et équilibré U de l'origine et un nombre fini de points $y_1, y_2, \ldots, y_k$ dans K tels que le système $\beta = \{U(y_1), U(y_2), \ldots, U(y_k)\}$ forme un recouvrement de K plus fin que α. Notons $| \ |_U$ la semi-norme déterminée par U.

Nous définissons une fonction continue à valeurs réelles $\lambda_i : K \to R$ par $\lambda_i(y) = \max\{0, 1 - |y - y_i|_U\}$, $y \in K$ $(i = 1,2,\ldots,k)$, et nous posons

$$\pi_\alpha(y) = \frac{\sum_{i=1}^{k} \lambda_i(y)y_i}{\sum_{i=1}^{k} \lambda_i(y)}\,, \qquad y \in K\,.$$

Puisque les valeurs de π_α sont dans l'enveloppe convexe des points $\{y_1,y_2,\ldots,y_k\}$, la condition (ii) est vérifiée. De la convexité de U et de l'équivalence entre $\lambda_i(y) = 0$ et $y \notin U(y_i)$, on déduit que $y\pi_\alpha(y) \in U$ pour chaque $y \in K$, i.e., *i et π_α sont β-proches.* Puisque β est plus fin que α l'assertion (i) en découle.

Pour prouver (iii), notons que pour chaque $y \in K$ l'intervalle $t\pi_\alpha(y) + (1-t)y$ $(0 \leq t \leq 1)$ est entièrement contenu dans un $U(y_j)$ et donc $h_t : K \to E$ donné par

$$h_t(y) = t\pi_\alpha(y) + (1-t)y$$

définit une β-homotopie joignant i et π_α . Puisque β est plus fin que α , notre dernière assertion en découle.

De (4.1) et (4.2) on déduit l'important théorème suivant:

(4.3) THÉORÈME. *Soient U un ouvert dans un espace vectoriel topologique localement convexe E et K un sous-ensemble compact de U . Alors pour chaque $\alpha \in \mathrm{Cov}_U(K)$ il existe une fonction $\pi_\alpha : K \to U$ telle que*

(i) *π_α et $i : K \to U$ sont α-proches.*

(ii) *π_α est α-homotope à i .*

(iii) *$\pi_\alpha(K)$ est contenu dans un polyèdre fini $P \subset U$.*

5. Espaces approchables

La propriété décrite dans le théorème (4.3) pour les ensembles ouverts dans un espace vectoriel topologique localement convexe nous suggère la définition suivante:

(5.1) DÉFINITION. On dit qu'un espace X est *homotopiquement approchable* (ou plus brièvement *h-approchable*) *par un polyèdre* si pour tout compact $K \subset X$ et pour tout $\alpha \in \mathrm{Cov}_X(K)$ il existe $\pi_\alpha : K \to X$ satisfaisant

(i) $\pi_\alpha : K \to X$ et $i : K \to X$ sont α-proches.

(ii) $\pi_\alpha(K)$ est contenu dans un polyèdre fini.

(iii) $\pi_\alpha \simeq i$.

Si (iii) est remplacé par la condition

(iii)' π_α est α-homotope à i ,

alors X est dit *fortement homotopiquement approchable* (ou *H-approchable*) *par un polyèdre*. Si (iii) n'est pas vérifiée, on dit que X est *approchable par un polyèdre*. Les classes d'espaces correspondantes seront notées A_h , A_H , et A respectivement. Nous avons évidemment les inclusions

$$A_H \subset A_h \subset A .$$

Dans ce qui suit, nous allons donner des exemples importants d'espaces qui sont approchables par un polyèdre:

(5.2) THÉORÈME. *Les espaces suivants sont fortement homotopiquement approchables par un polyèdre:*

(i) *ensembles ouverts dans un e.v.t. localement convexe*

(ii) *ensembles convexes dans un e.v.t. localement convexe*

(iii) *sous-ensembles ouverts d'un ensemble convexe dans un e.v.t. localement convexe*

(iv) *ensembles ouverts dans un e.v.t. admissible au sens de Klee* [1] .

(v) *polyèdres infinis munis de la* CW-*topologie*.

PREUVE. (i) est simplement une reformulation du théorème (4.3). Les preuves de (ii), (iii) et (iv) sont semblables à celle de (i) et sont donc omises; (v) vient du fait que tout compact dans un polyèdre infini est contenu dans un polyèdre fini.

La définition (5.1) peut être généralisée comme suit: soit "$\underset{\alpha}{\sim}$" *un des types* de relations non transitives de base entre fonctions et soit K une des classes suivantes d'espaces compacts: (i) compact métrisable, (ii) compact métrisable de dimension finie, et (iii) polyèdre fini. Nous allons maintenant définir la classe $A(K;"\underset{\alpha}{\sim}")$ d'*espaces approchables* comme suit:

(5.3) DEFINITION. On dit qu'un espace X est dans $A(K;"\underset{\alpha}{\sim}")$ si, étant donné un compact $K \subset X$, pour chaque $\alpha \in Cov_X(K)$, il existe une fonction $\pi_\alpha : K \to X$ telle que (i) $\pi_\alpha \underset{\alpha}{\sim} i$, où $i : K \to X$ est l'injection canonique et (ii) $\pi_\alpha(K)$ est contenu dans un membre de K . Nous obtenons, en particulier, les classes importantes suivantes d'espaces approchables:

$$A(K) = A(K;"\underset{\alpha}{=}")$$

$$A_h(K) = A(K;"\underset{\alpha}{\simeq}")$$

$$A_H(K) = A(K;"\underset{\alpha}{\approx}") .$$

En prenant pour K l'une des classes suivantes: (i) compact métrisable (c.m.) ; (ii) compact métrisable de dimension finie (c.m.d.f.) ; (iii) polyèdre fini, nous obtenons neuf classes d'espaces parmi lesquelles nous retrouvons celles introduites dans la définition (5.1). Sur le diagramme suivant, nous indiquons les inclusions évidentes entre ces neuf classes d'espaces:

$$\begin{array}{ccccc} A_H(\text{c.m.}) & \subset & A_h(\text{c.m.}) & \subset & A(\text{c.m.}) \\ \cup & & \cup & & \cup \\ A_H(\text{c.m.d.f.}) & \subset & A_h(\text{c.m.d.f.}) & \subset & A(\text{c.m.d.f.}) \\ \cup & & \cup & & \cup \\ A_H & \subset & A_h & \subset & A \end{array} .$$

(5.4) THÉORÈME. *Les classes d'espaces suivantes sont dans* $A_H(\text{c.m.})$:

(i) *espaces métrisables*

(ii) *espaces possédant une base dénombrable*

(iii) *espaces localement métrisables*

(iv) *polyèdres infinis munis de la CW-topologie.*

PREUVE. (i),...,(iv) sont évidents, car tout compact dans ces espaces est métrisable.

6. Espaces universels

Soit P une classe d'espaces. On dit qu'une classe d'espaces Q est *universelle* (resp. *fortement universelle*) pour P si tout X dans P

est homéomorphe à un sous-espace (resp. un sous-espace fermé) d'un espace appartenant à $\mathcal{Q}$.

D'importants théorèmes de plongement, qui seront fréquemment utilisés plus tard, sont résumés sommairement dans le tableau suivant:

pour	classe universelle	classe fortement universelle
compacts métriques de dimension $\leq n$		le cube euclidien I^{2n+1} (Menger-Nöbeling-Pontryagin)
séparables métriques	le cube de Hilbert I^{∞} (Urysohn, 1923)	
compacts métriques		le cube de Hilbert I^{∞} (Urysohn, 1923)
espaces de Tychonoff (ou complètement réguliers)	cubes de Tychonoff (Tychonoff, 1929)	e.v.t. localement convexes (Arens-Eells, 1956)
espaces compacts		cubes de Tychonoff (Tychonoff, 1929)
espaces métriques	espaces de Banach (Kuratowski, 1935)	1°: sous-ensembles convexes d'espaces de Banach (Wojdyslawski, 1937) 2°: espaces vectoriels normés (Arens-Eells, 1956)

Chapitre 2

LA THÉORIE DES RÉTRACTS

Un cadre approprié à l'étude des théorèmes topologiques de point fixe est fourni par la théorie des rétracts et des espaces d'extension. Dans ce chapitre nous allons rappeler en détail les principaux résultats connus de cette théorie, ainsi que des résultats nouveaux.

1. Espaces d'extension et rétracts absolus

Dans tout ce qui suit $\mathcal{Q}$ (ou $\mathcal{Q}'$) désigne une des classes d'espaces apparaissant dans le diagramme suivant:

Tychonoff
∪
normal
∪
paracompact
∪   ∪
compact   métrique
∪   ∪
compact métrique
∪
compact métrique
de dimension finie

(1.1) <u>DÉFINITION</u>. Un espace Y est un *espace d'extension* pour $\mathcal{Q}$ si pour toute paire (X,A), où X appartient à $\mathcal{Q}$ et A est fermé dans X, et pour toute fonction $f_o : A \to Y$ il existe un prolongement $f : X \to Y$ de f_o à X. La classe des espaces d'extension pour $\mathcal{Q}$ sera notée $ES(\mathcal{Q})$.

On voit facilement que $\mathcal{Q}' \subset \mathcal{Q}$ implique $ES(\mathcal{Q}) \subset ES(\mathcal{Q}')$. Ainsi, nous obtenons le diagramme suivant:

ES(Tychonoff)
$\cap$
ES(normal)
$\cap$
ES(paracompact)
$\cap$ $\cap$
ES(compact) ES(métrique)
$\cup$ $\cup$
ES(c.m.)
$\cap$
ES(c.m.d.f.)

Les propriétés très simples suivantes sont des conséquences immédiates des définitions:

(1.2) *Un rétract d'un espace* $ES(\mathcal{Q})$ *est un espace* $ES(\mathcal{Q})$.

(1.3) *Le produit d'une collection d'espaces* $ES(\mathcal{Q})$ *est un espace* $ES(\mathcal{Q})$.

(1.4) <u>DÉFINITION</u>. Un espace Y est un *rétract absolu* pour une classe d'espaces $\mathcal{Q}$ si (i) Y est dans $\mathcal{Q}$ et (ii) Y est un rétract de tout membre de $\mathcal{Q}$ qui contient Y comme un sous-espace fermé. La classe d'espaces correspondante est notée $AR(\mathcal{Q})$; la classe AR(métrique) est notée AR et ses membres sont appelés simplement *rétracts absolus*.

Le résultat suivant décrit la relation entre les espaces d'extension et les rétracts absolus.

(1.5) <u>THÉORÈME</u>. *Soit* $\mathcal{Q}$ *une classe d'espaces normaux. Alors* $AR(\mathcal{Q}) = \mathcal{Q} \cap ES(\mathcal{Q})$.

<u>EXEMPLE 1</u>. L'intervalle unité $[0,1]$ et la droite réelle R sont des espaces ES(normal) (Tietze-Urysohn) . Donc, tout cube de Tychonoff et tout produit de droites sont ES(normal) . Un produit non dénombrable de droites est un espace ES(normal) qui n'est pas normal.

<u>EXEMPLE 2</u>. Tout ensemble convexe d'un espace vectoriel localement convexe (ou d'un espace vectoriel muni de la topologie finie) est un espace ES(métrique) (théorème de Dugundji [A, 1951]); en particulier, tout ensemble convexe métrisable dans un espace localement convexe est un rétract absolu.

<u>EXEMPLE 3</u>. Un espace vectoriel normé E est un espace ES(compact). En effet, considérons une paire (X,A) de compacts, $A \subset X$, et $f : A \to E$; posons $K = f(A)$ et notons $f' : A \to K$ la corestriction de f . Plongeons maintenant K dans le cube de Hilbert I^∞ par $s : K \to \tilde{K} \subset I^\infty$; il s'agit alors de compléter les régions 1 et 2 du diagramme commutatif suivant:

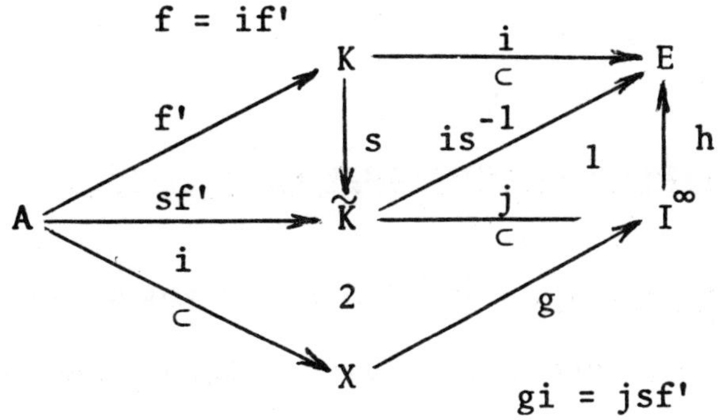

La région 1 peut être complétée par h car, d'après le théorème de Dugundji, $E \in$ ES(métrique) . La région 2 peut être complétée par g car $I^\infty \in$ ES(normal) . Il est clair que $hg : X \to E$ prolonge f à X . Notre assertion est donc démontrée.

EXEMPLE 4. Tout espace de Banach est un espace ES(paracompact) (Arens). Puisque tout espace de Banach séparable est homéomorphe à un produit dénombrable de droites (Kadec-Anderson), il s'ensuit qu'un tel espace est ES(normal) .

EXEMPLE 5. Tout polyèdre infini plein, muni de la CW-topologie, est un espace ES(métrique) . Tout polyèdre infini plein, muni d'une topologie métrique, est un espace AR .

EXEMPLE 6. Tout espace vectoriel métrique complet qui est admissible au sens de Klee appartient à la classe des espaces ES(compact) (Klee [D, 1960]). En particulier, L_p (pour $p \leq 1$) et S (= espaces des fonctions mesurables) sont ES(compact) .

EXEMPLE 7. Tout ensemble convexe d'un espace vectoriel topologique *arbitraire* est un espace ES(compact métrique de dimension finie) . La preuve de ce fait est semblable à celle du théorème de Dugundji dans [A, 1951] .

2. Espaces d'extension à un voisinage et rétracts absolus de voisinage

(2.1) DÉFINITION. Un espace Y est un *espace d'extension à un voisinage* pour $\mathcal{Q}$ si pour toute paire (X,A) , où X appartient à $\mathcal{Q}$ et

A est fermé dans X , et pour toute fonction $f_o : A \to Y$ il existe un prolongement $f : U \to Y$ de f_o à un voisinage U de A dans X . La classe des espaces d'extension à un voisinage pour $\mathcal{Q}$ sera notée NES($\mathcal{Q}$) .

Il est clair que ES($\mathcal{Q}$) $\subset$ NES($\mathcal{Q}$) . Si $\mathcal{Q} \subset \mathcal{Q}'$, alors évidemment NES($\mathcal{Q}'$) $\subset$ NES($\mathcal{Q}$) . Ainsi, nous obtenons le diagramme suivant:

NES(c.m.d.f.)
∪
NES(c.m.)
∪ ∪
NES(compact) NES(métrique)
∪ ∪
NES(paracompact)
∪
NES(normal)
∪
NES(Tychonoff)

(2.2) THÉORÈME. *Les espaces d'extension à un voisinage vérifient les propriétés importantes suivantes:*

(i) *Un rétract de voisinage d'un espace* NES($\mathcal{Q}$) *est un espace* NES($\mathcal{Q}$) .

(ii) *Un sous-ensemble ouvert d'un espace* NES($\mathcal{Q}$) *est un espace* NES($\mathcal{Q}$) .

(iii) *Un produit fini d'espaces* NES($\mathcal{Q}$) *est un espace* NES($\mathcal{Q}$) .

(iv) *Si* $\mathcal{Q}$ *est la classe des espaces paracompacts, alors tout espace* NES($\mathcal{Q}$) *local est* NES($\mathcal{Q}$) . (Hanner [A, 1952].)

(v) *Soit* $(Y;Y_1,Y_2)$ *une triade additive avec* Y_1 , Y_2 *fermés dans* $Y = Y_1 \cup Y_2$ *et soit* $\mathcal{Q}$ *une classe d'espaces normaux. Si* $Y_1 \cup Y_2$ *et* $Y_1 \cap Y_2$ *sont des espaces* NES($\mathcal{Q}$) , *alors* Y_1 *et* Y_2 *en sont aussi.*

(vi) *Soient* $\mathcal{Q}$ *une classe d'espaces métriques et* $(Y;Y_1,Y_2)$ *une triade additive comme dans* (v). *Si* Y_1 , Y_2 *et* $Y_1 \cap Y_2$ *sont des espaces* NES($\mathcal{Q}$) , *alors* $Y = Y_1 \cup Y_2$ *en est un aussi.* (Aronszajn-Borsuk et Hanner [A, 1952].)

(vii) *Soit* $Y = \bigcup_{i=1}^{n} Y_i$ *la réunion d'une collection finie de sous-ensembles ouverts* Y_i *et soit* $\mathcal{Q}$ *une classe d'espaces normaux. Si* $Y_i \in$ NES($\mathcal{Q}$) *pour tout* $i = 1,2,\ldots,n$, *alors* $Y \in$ NES($\mathcal{Q}$) *aussi.*

(2.3) DÉFINITION. Un espace Y est un *rétract absolu de voisinage* pour une classe $\mathcal{Q}$ si (i) Y est dans $\mathcal{Q}$ et (ii) Y est un *rétract de voisinage* de tout membre de $\mathcal{Q}$ qui contient Y comme sous-espace fermé. La classe d'espaces correspondante est notée ANR($\mathcal{Q}$) . La classe ANR(métrique) est notée ANR et ses membres sont appelés simplement *rétracts absolus de voisinage.*

Nous avons les inclusions évidentes:

$$\mathrm{AR}(\mathcal{Q}) \subset \mathrm{ANR}(\mathcal{Q})$$

$$\mathcal{Q} \cap \mathrm{NES}(\mathcal{Q}) \subset \mathrm{ANR}(\mathcal{Q})$$

$$\mathcal{Q} \cap \mathrm{ANR}(\mathcal{Q}') \subset \mathrm{ANR}(\mathcal{Q}) \quad \text{pour} \quad \mathcal{Q} \subset \mathcal{Q}' .$$

La relation entre les espaces ANR et NES est décrite par le théorème suivant dû à O. Hanner [A, 1952].

(2.4) THÉORÈME. *Soit* $\mathcal{Q}$ *une classe d'espaces normaux. Alors* $\mathrm{ANR}(\mathcal{Q}) = \mathcal{Q} \cap \mathrm{NES}(\mathcal{Q})$.

EXEMPLE 1. La classe des espaces NES(Tychonoff) est uniquement constituée de singletons. La classe des rétracts d'ensembles ouverts dans un espace localement convexe contient la classe des espaces ANR(Tychonoff) (d'après le théorème de plongement d'Arens-Eells).

EXEMPLE 2. Soit $Y \in$ ANR . Par le théorème de plongement d'Arens-Eells, on peut supposer sans perte de généralité que Y est un sous-ensemble fermé d'un espace vectoriel normé E . Donc, Y est un rétract d'un ouvert U de E . Réciproquement, si Y est un rétract de voisinage d'un espace vectoriel normé, alors par le théorème de Dugundji et le théorème (2.2), c'est un espace ANR . Ainsi, tout espace ANR est, à un homéomorphisme près, *un rétract de voisinage d'un espace vectoriel normé.*

EXEMPLE 3. Tout espace ANR est un espace NES(compact) : c'est une conséquence de l'exemple 2 et du fait qu'un espace vectoriel normé est ES(compact) . On voit facilement que la classe des CW-complexes appartient aussi à la classe des espaces NES(compact) .

EXEMPLE 4. Une variété munie d'une topologie localement convexe est un espace NES(métrique) . En particulier, les variétés de Fréchet sont des espaces NES(métrique) . En conséquence, puisque métrisabilité locale plus paracompacité implique métrisabilité, toute variété de Fréchet paracompacte est un espace ANR .

EXEMPLE 5. Tout polyèdre infini muni de la CW-topologie est un espace NES(métrique) (Dugundji). Tout polyèdre infini muni d'une topologie métrique est un espace ANR .

EXEMPLE 6. Soient E un espace vectoriel topologique arbitraire, $C_1, C_2, \ldots, C_n$ des ensembles convexes fermés de E et $C = \bigcup_{i=1}^{n} C_i$. Alors:

(i) $C \in$ NES(compact métrique de dimension finie)

(ii) si E est localement convexe, alors $C \in$ NES(métrique)

(iii) si E est localement convexe et C métrisable, alors $C \in$ ANR .

3. Espaces NES approximatifs

La classe principale d'espaces introduite dans cette section est celle des espaces NES(compact) approximatifs. C'est pour cette classe que les théorèmes de point fixe les plus généraux seront prouvés au chapitre 7.

Soit "$\underset{\alpha}{\sim}$" l'un des types de relations de base suivants: "$\underset{\alpha}{=}$" , "$\underset{\alpha}{\simeq}$" , "$\underset{\alpha}{\approx}$" , "$\underset{\alpha}{\equiv}$" . On définit la classe ANES($\mathcal{Q}$;"$\underset{\alpha}{\sim}$") des *espaces* NES *approximatifs pour* $\mathcal{Q}$ *par rapport à* "$\underset{\alpha}{\sim}$" comme suit:

(3.1) DÉFINITION. Un espace $Y \in$ ANES($\mathcal{Q}$;"$\underset{\alpha}{\sim}$") si, étant donné un recouvrement $\alpha \in \mathrm{Cov}(Y)$, pour chaque paire (X,A) où $X \in \mathcal{Q}$ et A est fermé dans X et pour chaque $f : A \to Y$, il existe une fonction $f_\alpha : U_\alpha \to Y$ définie sur un voisinage U_α de A dans X telle que $f_\alpha|A \underset{\alpha}{\sim} f$. Si, dans les définitions ci-dessus, nous exigeons que $U_\alpha = X$ (i.e. $f_\alpha : X \to Y$) , alors nous obtenons la classe AES($\mathcal{Q}$;"$\underset{\alpha}{\sim}$") des *espaces d'extension approximatifs pour* $\mathcal{Q}$ *par rapport à* "$\underset{\alpha}{\sim}$" .

Dans la suite, la notation suivante sera utilisée:

ANES($\mathcal{Q}$) = ANES($\mathcal{Q}$;"$\underset{\alpha}{=}$") AES($\mathcal{Q}$) = AES($\mathcal{Q}$;"$\underset{\alpha}{=}$")

A_hNES($\mathcal{Q}$) = ANES($\mathcal{Q}$;"$\underset{\alpha}{\simeq}$") A_hES($\mathcal{Q}$) = AES($\mathcal{Q}$;"$\underset{\alpha}{\simeq}$")

A_HNES($\mathcal{Q}$) = ANES($\mathcal{Q}$;"$\underset{\alpha}{\approx}$") A_HES($\mathcal{Q}$) = AES($\mathcal{Q}$;"$\underset{\alpha}{\approx}$")

$$\text{w-}A_h NES(\mathcal{Q}) = ANES(\mathcal{Q};\text{"}\underset{\alpha}{\equiv}\text{"}) \qquad \text{w-}A_h ES(\mathcal{Q}) = AES(\mathcal{Q};\text{"}\underset{\alpha}{\equiv}\text{"}) .$$

Nous avons les inclusions évidentes suivantes entre ces différentes classes d'espaces:

$$\begin{array}{ccccccccc} ES(\mathcal{Q}) & \subset & A_H ES(\mathcal{Q}) & \subset & A_h ES(\mathcal{Q}) & \subset & \text{w-}A_h ES(\mathcal{Q}) & \subset & AES(\mathcal{Q}) \\ \cap & & \cap & & \cap & & \cap & & \cap \\ NES(\mathcal{Q}) & \subset & A_H NES(\mathcal{Q}) & \subset & A_h NES(\mathcal{Q}) & \subset & \text{w-}A_h NES(\mathcal{Q}) & \subset & ANES(\mathcal{Q}) . \end{array}$$

Il est également clair que $\mathcal{Q}' \subset \mathcal{Q}$ implique

$$ANES(\mathcal{Q};\text{"}\underset{\alpha}{\simeq}\text{"}) \subset ANES(\mathcal{Q}';\text{"}\underset{\alpha}{\simeq}\text{"}) \quad \text{et} \quad AES(\mathcal{Q};\text{"}\underset{\alpha}{\simeq}\text{"}) \subset AES(\mathcal{Q}';\text{"}\underset{\alpha}{\simeq}\text{"}) .$$

Dans la suite, les espaces apparaissant dans le diagramme suivant (pour divers types $\text{"}\underset{\alpha}{\simeq}\text{"}$ possibles) seront d'un grand intérêt:

$$\begin{array}{ccccc} AES(\text{compact};\text{"}\underset{\alpha}{\simeq}\text{"}) & \subset & AES(\text{c.m.};\text{"}\underset{\alpha}{\simeq}\text{"}) & \subset & AES(\text{c.m.d.f.};\text{"}\underset{\alpha}{\simeq}\text{"}) \\ \cap & & \cap & & \cap \\ ANES(\text{compact};\text{"}\underset{\alpha}{\simeq}\text{"}) & \subset & ANES(\text{c.m.};\text{"}\underset{\alpha}{\simeq}\text{"}) & \subset & ANES(\text{c.m.d.f.};\text{"}\underset{\alpha}{\simeq}\text{"}) . \end{array}$$

Nous allons donner maintenant quelques propriétés des espaces NES(compact) approximatifs. Tout d'abord deux propriétés directes:

(3.2) *Si* X *est* $A_H NES(\text{compact})$, *tout ensemble ouvert de* X *l'est aussi.*

(3.3) *Un rétract d'un espace* $ANES(\text{compact};\text{"}\underset{\alpha}{\simeq}\text{"})$ *est* $ANES(\text{compact};\text{"}\underset{\alpha}{\simeq}\text{"})$.

La preuve des deux propriétés suivantes est légèrement plus compliquée et ne sera pas donnée ici.

(3.4) *On a les inclusions suivantes:*

$$\mathcal{D}_h(A_h NES(\text{compact})) \subset A_h NES(\text{compact})$$

$$\mathcal{D}_H(A_H NES(\text{compact})) \subset A_H NES(\text{compact}) \ .$$

(3.5) *On a les inclusions suivantes:*

$$A_h(\text{c.m.}) \cap NES(\text{c.m.}) \subset A_h NES(\text{compact})$$

$$A_H(\text{c.m.}) \cap NES(\text{c.m.}) \subset A_H NES(\text{compact})$$

et similairement

$$A_h(\text{c.m.}) \cap ES(\text{c.m.}) \subset A_h ES(\text{compact})$$

$$A_H(\text{c.m.}) \cap ES(\text{c.m.}) \subset A_H ES(\text{compact}) \ .$$

EXERCICE. Prouver que, si E est un e.v.t. localement convexe, alors $E \in A_H ES(\text{compact})$. C'est un cas particulier de (3.5).

La propriété non triviale suivante est une généralisation d'un théorème de Hanner:

(3.6) THÉORÈME. *Tout espace* $A_H NES(\text{compact})$ *local est* $A_H NES(\text{compact})$.

REMARQUE. On ne sait pas si (3.6) est vraie pour les espaces $A_h NES(\text{compact})$.

Dans le théorème suivant, nous rassemblons quelques exemples importants.

(3.7) THÉORÈME. *Les espaces suivants sont dans* A_HNES(compact)

(i) *les espaces* NES(compact) *et, en particulier, les* CW-*complexes et les espaces* ANR(métrique) ;

(ii) *les ensembles ouverts dans un espace vectoriel topologique localement convexe;*

(iii) *les espaces* ANR(Tychonoff) ;

(iv) *les variétés munies d'une topologie localement convexe.*

PREUVE. (i) est évident; (ii) découle de (3.5) et (1.5.2) et (iii) de (ii) et (3.3). Enfin, (iv) est une conséquence du théorème (3.6).

REMARQUE. Il y a deux généralisations possibles de la notion de ANR($\mathcal{Q}$) au cas "approximatif". Les deux types d'espaces ANR approximatifs correspondants, notés

$$\mathrm{AANR}(\mathcal{Q};\text{"}\underset{\alpha}{\sim}\text{"}) \quad \text{et} \quad f - \mathrm{AANR}(\mathcal{Q};\text{"}\underset{\alpha}{\sim}\text{"}) \quad [f \text{ pour fort}]$$

sont définis comme suit (en utilisant les symboles logiques): pour $Y \in \mathcal{Q}$,

$$Y \in \mathrm{AANR}(\mathcal{Q};\text{"}\underset{\alpha}{\sim}\text{"}) \iff \begin{cases} \text{si } Y \text{ est fermé dans } X \in \mathcal{Q}\text{, alors} \\ \forall\alpha\ \exists U_\alpha\ \exists r_\alpha : U_\alpha \to Y \quad r_\alpha|Y \underset{\alpha}{\sim} 1_Y \end{cases}$$

$$Y \in f - \mathrm{AANR}(\mathcal{Q};\text{"}\underset{\alpha}{\sim}\text{"}) \iff \begin{cases} \text{si } Y \text{ est fermé dans } X \in \mathcal{Q}\text{, alors} \\ \exists U\ \forall\alpha\ \exists r_\alpha : U \to Y \quad r_\alpha|Y \underset{\alpha}{\sim} 1_Y \end{cases}$$

Nous ne pouvons discuter ici ces notions en toute généralité. Nous considérons cependant, au chapitre 8, une classe particulièrement simple d'espaces ANR approximatifs, pour laquelle un théorème de point fixe de type de Lefschetz sera prouvé.

Chapitre 3

TYPES DE FONCTIONS DE BASE

Dans ce chapitre, nous allons décrire et relier entre elles diverses classes importantes de fonctions (comme les fonctions compactes, éventuellement compactes, asymptotiquement compactes, d'attraction compacte).

1. Orbites, ensembles absorbants et attracteurs

(1.1) DÉFINITION. Etant donné $f : X \to X$, nous posons

$$C_f = \bigcap_{n\geq 1} f^n(X)$$

et nous appelons C_f le *coeur* de la fonction f. Pour $K \subset X$, l'ensemble

$$O_K = \bigcup_n f^n(K)$$

s'appelle l'*orbite de* K sous f et $f^n(K)$ est le *n-ième membre de* O_K. Si $K = \{x\}$ est réduit au seul point $x \in X$, $O_x = O_K$ s'appelle l'*orbite du point* x. Un ensemble $A \subset X$ est *invariant* si $f(A) \subset A$. Il est clair que le coeur C_f de f et toutes les orbites O_K, $K \subset X$, sont des ensembles invariants de X.

(1.2) <u>DÉFINITION</u>. Soit $f : X \to X$ une fonction et soient A et K deux sous-ensembles de X. On dit que A *absorbe* K si presque tous les membres de l'orbite $\mathcal{O}_K$ sont contenus dans A. On dit que A *attire* un point $x \in X$ si l'intersection $\overline{\mathcal{O}}_x \cap A$ est non vide. On dit que A est un *attracteur* pour f si A attire tous les points de X.

(1.3) *Soient* $f : X \to X$ *une fonction et* x *un point de* X. *Si l'orbite* $\mathcal{O}_x$ *de* x *est relativement compacte, alors le coeur* C_f *de* f *est non vide et attire le point* x.

<u>PREUVE</u>. Posons $K = \overline{\mathcal{O}}_x$. Puisque, $\mathcal{O}_x$ est invariant, on déduit que $f(K) \subset K$, ce qui implique que $f^m(K) \subset f^n(K)$ pour $m \geq n$. De plus, K étant compact, la suite $\{f^n(x)\}_{n\geq 0}$ possède un point d'accumulation $y \in K$. Nous allons montrer que $y \in \bigcap_{n\geq 1} f^n(K) \subset C_f$. Supposons le contraire. Alors, pour un entier $n \in N$, $y \in X - f^n(K)$. Mais, puisque $X - f^n(K)$ est un voisinage ouvert de y et que y est un point d'accumulation de la suite $\{f^n(x)\}_{n\in N}$, nous en déduisons qu'il existe $k \geq n$ tel que $f^k(x) \in X - f^n(K)$. Mais $f^{k-n}(x) \in K$, donc $f^k(x) = f^n(f^{k-n}(x)) \in f^n(K)$, ce qui est une contradiction.

(1.4) *Soit* $f : X \to X$, *soit* U *un ouvert invariant par* f, *qui absorbe les points de* X. *Alors* U *absorbe tout ensemble compact de* X.

<u>PREUVE</u>. Par hypothèse, pour chaque $x \in X$, il existe un entier $n(x)$ tel que $f^{n(x)}(x) \in U$. Par continuité, il existe un voisinage ouvert U_x de x dans X tel que $f^{n(x)}(y) \in U$ pour tout $y \in U_x$. Soit K un sous-ensemble compact de X. Alors, il existe un recouvrement fini $\{U_{x_1}, U_{x_2}, \ldots, U_{x_\ell}\}$

de K tel que $f^{n(x_i)}(U_{x_i}) \subset U$, $i = 1,2,\ldots,\ell$. Pour $n \geq N = \max\{n(x_1),n(x_2),\ldots,n(x_\ell)\}$ et $x \in K$, nous avons $f^n(x) \in U$. La preuve est complète.

2. Fonctions compactes et polyédrales

Soit K l'une des classes d'espaces suivantes:

(i) compact;

(ii) compact métrisable (c.m.) ;

(iii) compact métrisable de dimension finie (c.m.d.f.) ;

(iv) compact métrisable de dimension $\leq m$;

(v) polyèdre fini.

A chacune des classes d'espaces compacts K correspond la classe des K-fonctions définie comme suit:

(2.1) DÉFINITION. Une fonction $f : X \to Y$ est dite *de type* K (ou K-*fonction*) si $f(X) \subset K$ pour un élément $K \in K$. Par abus de notation, nous désignerons par la même lettre K la classe correspondante de K-fonctions. En spécifiant K , nous obtenons les importantes classes de fonctions suivantes: fonctions compactes, fonctions compactes métrisables, fonctions compactes métrisables de dimension finie, fonctions compactes métrisables de dimension $\leq m$, fonctions polyédrales.

(2.2) DÉFINITION. On dit qu'une fonction $f : X \to Y$ est *localement de type* K si chaque point $x \in X$ possède un voisinage U_x tel que $f|U_x : U_x \to Y$ soit une K-fonction.

Il est important de noter que dans beaucoup de cas les fonctions compactes peuvent être approximées par des fonctions polyédrales.

(2.3) THÉORÈME. *Soit* Y *un espace homotopiquement approchable par un polyèdre et soit* $f : X \to Y$ *une fonction compacte qui envoie* X *dans un ensemble compact* $K \subset Y$. *Alors, pour chaque* $\alpha \in \text{Cov}_Y(K)$, *il existe une fonction* $f_\alpha : X \to Y$ *ayant les propriétés suivantes:*

(i) f_α *est une* α*-approximation de* f *;*

(ii) f_α *envoie* X *dans un polyèdre fini* $P_\alpha \subset Y$ *;*

(iii) f_α *est homotope à* f .

PREUVE. Puisque Y est h-approchable par un polyèdre, pour $\alpha \in \text{Cov}_Y(K)$, il existe une fonction $\pi_\alpha : K \to Y$ telle que

(i') π_α est une α-approximation de l'injection canonique $i : K \to Y$;

(ii') $\pi_\alpha(K)$ est contenu dans un polyèdre fini $P_\alpha \subset Y$;

(iii') π_α est homotope à i .

On voit maintenant facilement que $f_\alpha = \pi_\alpha f$ est une fonction qui satisfait (i), (ii) et (iii).

REMARQUE 1. Il est clair qu'un espace Y qui satisfait l'assertion du théorème ci-dessus est homotopiquement approchable par un polyèdre. Ainsi, le théorème (2.3) peut servir de définition d'un espace h-approchable par un polyèdre.

REMARQUE 2. A chaque notion d'approchabilité correspond un théorème d'approximation de fonctions compactes. Nous laissons au lecteur les détails évidents.

3. Fonctions éventuellement compactes

Dans cette section et la prochaine, K désigne l'une des classes de fonctions suivantes: (i) fonctions compactes, (ii) fonctions compactes métrisables, (iii) fonctions compactes métrisables de dimension $\leq m$. Etant donnée une classe de fonctions K, nous allons définir des classes de fonctions qui seront d'un grand intérêt dans nos considérations.

(3.1) DÉFINITION. On dit qu'une fonction $f : X \to X$ est *éventuellement de type* K si (i) la n-ième itérée $f^n : X \to X$ de f appartient à K pour un entier $n \geq 2$ et (ii) f est localement de type K. La classe des fonctions éventuellement de type K sera notée K_{ev}.

L'important lemme suivant établit un lien entre les fonctions compactes et les fonctions éventuellement compactes.

(3.2) LEMME. *Soient* X *un espace régulier et* $f : X \to X$ *une fonction éventuellement de type* K. *Alors, il existe un ouvert* U *tel que*

(i) $f(U) \subset U$;

(ii) $f^n(X) \subset U$ *pour un entier* $n \geq 2$;

(iii) $f_U : U \to U$ *est une* K*-fonction.*

PREUVE. Considérons d'abord le cas K = compact. Par hypothèse, il existe $n \geq 2$ tel que $\overline{f^n(X)} = K$ soit compact et donc, par la compacité locale de f, il existe un ouvert V contenant K tel que $\overline{f(V)}$ soit compact. X étant régulier, on peut trouver des ouverts $V_1, V_2, \ldots, V_{n-1}$ tels que

$$K \subset V_1 \subset \overline{V}_1 \subset V_2 \subset \overline{V}_2 \subset \ldots \subset V_{n-1} \subset \overline{V}_{n-1} \subset V .$$

Définissons maintenant

$$U = V \cap f^{-1}(V_{n-1}) \cap f^{-2}(V_{n-2}) \cap \ldots \cap f^{-(n-1)}(V_1) .$$

Puisque $f^{-n}(K) = X$, on peut écrire

$$U = V \cap f^{-1}(V_{n-1}) \cap f^{-2}(V_{n-2}) \cap \ldots \cap f^{-(n-1)}(V_1) \cap f^{-n}(K)$$

et donc

$$f(U) \subset f(V) \cap V_{n-1} \cap f^{-1}(V_{n-2}) \cap \ldots \cap f^{-(n-2)}(V_1) \cap f^{-(n-1)}(K) .$$

Ceci implique les inclusions suivantes:

$$\overline{f(U)} \subset \overline{f(V)} \cap \overline{V_{n-1}} \cap \overline{f^{-1}(V_{n-2})} \cap \ldots \cap \overline{f^{-(n-2)}(V_1)} \cap \overline{f^{-(n-1)}(K)}$$

$$\subset \overline{V}_{n-1} \cap f^{-1}(\overline{V}_{n-2}) \cap \ldots \cap f^{-(n-2)}(\overline{V}_1) \cap f^{-(n-1)}(K)$$

$$\subset V \cap f^{-1}(V_{n-1}) \cap \ldots \cap f^{-(n-2)}(V_2) \cap f^{-(n-1)}(V_1) = U .$$

Puisque $f(U) \subset f(V)$, on déduit que $f_U : U \to U$ est compacte. La preuve du cas K = compact est complète. La preuve des cas K = compact métrique et K = compact métrique de dimension $\leq m$, étant analogue à celle donnée ci-dessus, est laissée au lecteur.

4. Fonctions d'attraction compacte

(4.1) <u>DÉFINITION</u>. Une fonction $f : X \to X$ est de *K-attraction* si (i) f a un attracteur compact $A \in K$, (ii) f est localement de type

K . La classe des fonctions de K-attraction est notée K_{at} .

(4.2) DÉFINITION. Une fonction $f : X \to X$ est *asymptotiquement de type* K si (i) le coeur C_f de f est non vide et l'injection $i : C_f \to X$ est une K-fonction, (ii) f est localement de type K , (iii) les orbites de tous les points de X sont relativement compactes. La classe correspondante de fonctions sera notée K_{as} .

(4.3) *On a les inclusions suivantes:*

$$K_{ev} \subset K_{as} \subset K_{at} .$$

PREUVE. La première inclusion est évidente. La seconde est une conséquence du fait que, si f est asymptotiquement de type K , alors le coeur C_f est un attracteur pour f (cf. (1.3)).

REMARQUE. La fonction $f : R \to R$ définie par $f(x) = \frac{1}{2} x$ est un exemple simple d'une fonction d'attraction compacte qui n'est pas asymptotiquement compacte.

Voici maintenant le lemme qui établit un lien entre les fonctions de K-attraction et les fonctions éventuellement de type K .

(4.4) LEMME. *Soit* $f : X \to X$ *une fonction de* K*-attraction. Alors, il existe un ouvert* $U \subset X$ *tel que:*

(i) $f(U) \subset U$;

(ii) U *absorbe les compacts de* X ;

(iii) $f_U : U \to U$ *est éventuellement de type* K .

<u>PREUVE</u>. Considérons d'abord le cas K = compact. Soit A un attracteur compact pour f . La fonction f étant localement compacte, il existe un ouvert V contenant A tel que $\overline{f(V)} = K$ soit compact.

Pour chaque $x \in X$, il existe un voisinage U_x et un entier $n(x)$ tels que $f^{n(x)}(y) \in V$ pour tout $y \in U_x$.

Prenons un recouvrement fini $\{U_{x_1}, U_{x_2}, \ldots, U_{x_k}\}$ du compact K , et posons $N = \max\{n(x_1), n(x_2), \ldots, n(x_k)\}$. Définissons maintenant

$$U = V \cup f^{-1}(V) \cup \ldots \cup f^{-(N-1)}(V) \cup f^{-N}(V) .$$

Puisque, pour chaque $y \in K$, nous avons $y \in f^{-n(x)}(V)$ pour un entier $n(x)$ tel que $0 \leq n(x) \leq N$, on en déduit que $K \subset U$.

Nous allons montrer que U vérifie les trois conditions du lemme. Nous avons:

$$f(U) \subset f(V) \cup V \cup f^{-1}(V) \cup \ldots \cup f^{-(N-1)}(V)$$

$$\subset K \cup V \cup f^{-1}(V) \cup \ldots \cup f^{-(N-1)}(V) \subset U .$$

Ensuite, puisque U est invariant et que $V \subset U$, il s'ensuit que U absorbe les points de X ; en conséquence, d'après (1.4), U absorbe les ensembles compacts.

Enfin, étant donné les inclusions

$$f^{N+1}(U) \subset f^{N+1}(V) \cup f^{N}(V) \cup f^{N-1}(V) \cup \ldots \cup f(V)$$

$$\subset f^{N}(K) \cup f^{N-1}(K) \cup f^{N-2}(K) \cup \ldots \cup K ,$$

nous pouvons affirmer que $f^{N+1}(U)$ est contenu dans la réunion d'un nombre fini de compacts et donc f_U est éventuellement compacte. La preuve pour K = compact est complète. La preuve pour K = compact métrique et K = compact métrique de dimension $\leq m$, étant analogue à celle donnée ci-dessus, est omise.

Chapitre 4

ESPACES DE POINT FIXE

Les sujets que nous allons traiter maintenant ont pour but de fournir une introduction non algébrique convenable au chapitre suivant. Nous introduisons ici sous leur forme la plus simple quelques-unes des techniques de base de la théorie générale et prouvons un certain nombre de théorèmes de point fixe bien connus.

1. Points fixes

NOTATION. Soit U un sous-espace d'un espace topologique X et soit $f : U \to X$ une fonction. Nous noterons

$$\kappa(f) = \{x \in U : f(x) = x\}$$

l'ensemble de tous les points fixes de la fonction f .

(1.1) LEMME. *Soient* $U \subset X$ *et* $U' \subset X'$ *et soient* $f : U \to X'$ *et* $g : U' \to X$ *deux fonctions. Considérons les fonctions composées*

$$gf : f^{-1}(U') \to X \quad \textit{et} \quad fg : g^{-1}(U) \to X' .$$

Alors:

(i) $f(\kappa(gf)) \subset \kappa(fg)$ *et* $g(\kappa(fg)) \subset \kappa(gf)$;

(ii) *pour les fonctions* $f : \kappa(gf) \to \kappa(fg)$ *et* $g : \kappa(fg) \to \kappa(gf)$, *nous avons*

$$gf = 1_{\kappa(gf)} , \qquad fg = 1_{\kappa(fg)} ,$$

i.e., les ensembles de points fixes $\kappa(fg)$ *et* $\kappa(gf)$ *sont homéomorphes.*

PREUVE. (i) si $x \in \kappa(gf)$, alors $gf(x) = x$ et donc $fg[f(x)] = f(x)$, i.e., $f(x) \in \kappa(fg)$. Ainsi, nous avons prouvé la première inclusion de (i). La seconde inclusion de (i) est évidente, à cause de la symétrie de nos hypothèses. Il est clair que (i) => (ii) à cause des formules

$$x = gf(x) , \qquad x \in \kappa(gf)$$
$$y = fg(x) , \qquad y \in \kappa(fg) .$$

Une partie du lemme (1.1) sera utilisée de manière répétée sous la forme pratique suivante:

(1.2) LEMME. *Supposons que dans la catégorie des espaces topologiques nous ayons un diagramme commutatif*

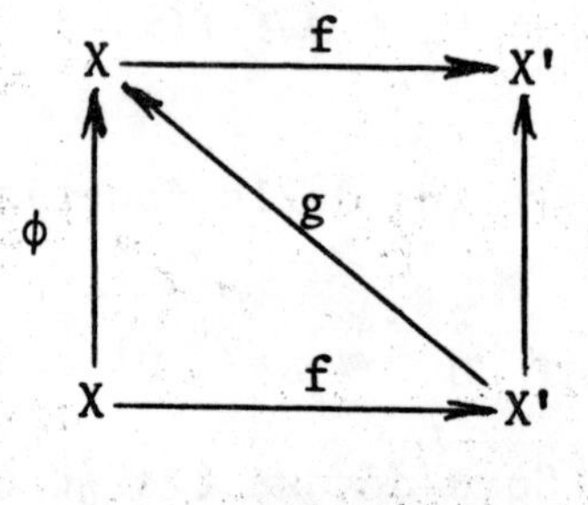

ou, de manière équivalente,

$$\begin{array}{ccc} X & \xleftarrow{\ g\ } & X' \\ \phi \uparrow & \nearrow f & \uparrow \psi \\ X & \xleftarrow{\ g\ } & X' \end{array}$$

Alors, les ensembles de points fixes des deux flèches verticales sont homéomorphes; en particulier, ϕ *a un point fixe si et seulement si* ψ *en a un.*

2. Presque points fixes

Soit $f : Y \to Y$ une fonction et soit $\alpha \in \mathrm{Cov}(Y)$. On dit qu'un point $y \in Y$ est un α-*point fixe* si y et $f(y)$ appartiennent à un ouvert commun $U_y \in \alpha$. Il est clair que, si $\alpha, \beta \in \mathrm{Cov}(Y)$ et β est plus fin que α , alors tout β-point fixe pour f est aussi un α-point fixe pour f .

(2.1) LEMME. *Soient* $f : Y \to Y$ *une fonction et* $K = f(Y)$. *Supposons qu'il existe une famille cofinale de recouvrements* $\mathcal{D} \subset \mathrm{Cov}_Y(K)$ *de* K *dans* Y *telle que* f *ait un* α-*point fixe pour tout* $\alpha \in \mathcal{D}$. *Alors* f *a un point fixe.*

PREUVE. Supposons que f n'a pas de points fixes. Alors, pour chaque $y \in K$, il existe des voisinages V_y et $U_{f(y)}$ dans Y de y et $f(y)$ respectivement tels que $f(V_y) \subset U_{f(y)}$ et $V_y \cap U_{f(y)} = \emptyset$. En posant $\beta = \{V_y\}$, nous obtenons un recouvrement de K dans Y tel que f ne possède pas de β-point fixe. Si $\alpha \in \mathcal{D}$ est plus fin que β , alors f n'a pas de α-point fixe et nous obtenons ainsi une contradiction.

(2.2) LEMME. *Soient* $f : Y \to Y$ *une fonction,* $K = f(Y)$ *et* $\mathcal{D} \subset Cov_Y(K)$ *une famille cofinale de recouvrements de* K *dans* Y *. Supposons que pour chaque* $\alpha \in \mathcal{D}$ *il existe une fonction* $f_\alpha : Y \to Y$ *ayant les propriétés suivantes:* (i) f_α *est une* α*-approximation de* f *, et* (ii) f_α *a un point fixe. Alors* f *a un point fixe.*

PREUVE. Il est clair que, à cause de (i), un point fixe de f est un α-point fixe de f . Alors, le lemme (2.1) découle du lemme précédent.

3. Propriété de point fixe

Un espace topologique X a la propriété de point fixe (= p.p.f.) si toute fonction $f : X \to X$ de X dans lui-même possède un point fixe. La classe des espaces ayant la propriété de point fixe sera notée $\mathcal{F}$. Soit une famille $\mathcal{M}$ de fonctions, la classe des espaces ayant la propriété de point fixe pour les fonctions de la famille $\mathcal{M}$ sera notée $\mathcal{F}(\mathcal{M})$.

Soit $\mathcal{K}$ l'une des classes de fonctions suivantes: (i) compact, (ii) compact métrique, et (iii) compact métrique de dimension finie. Alors nous avons les inclusions suivantes:

$$\mathcal{F} \subset \mathcal{F}(\text{compact}) \subset \mathcal{F}(\text{c.m.}) \subset \mathcal{F}(\text{c.m.d.f.}) .$$

EXEMPLE 1. La boule unité fermée K^n de R^n a la p.p.f. (théorème de point fixe de Brouwer).

EXEMPLE 2. La boule unité fermée K d'un espace normé de dimension infinie n'a pas la p.p.f. (J. Dugundji [A, 1951]).

<u>EXEMPLE 3</u>. La figure plane suivante

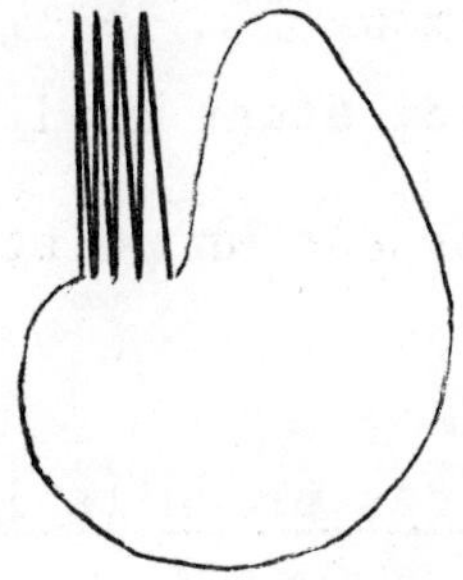

est l'ensemble compact non acyclique de Čech avec la p.p.f. (cf. R.H. Bing [B, 1969]).

<u>EXEMPLE 4</u>. Il découle du théorème de point fixe de Schauder que la boule unité K d'un espace normé appartient à $\mathcal{F}$(compact) ; d'après l'exemple 2 elle n'appartient cependant pas à $\mathcal{F}$.

(3.1) <u>LEMME</u>. *Les passages* $\Omega \Rightarrow \mathcal{R}(\Omega)$, $\Omega \Rightarrow \mathcal{D}(\Omega)$ *préservent la p.p.f. et aussi la p.p.f. pour la classe des fonctions compactes.*

<u>PREUVE</u>. Prouvons par exemple que $\Omega \subset \mathcal{F}$(compact) implique $\mathcal{D}(\Omega) \subset \mathcal{F}$(compact) . Dans ce but, supposons que $X \in \mathcal{D}(\Omega)$ et considérons une fonction compacte $f : X \to X$. Pour $\alpha \in \mathrm{Cov}(X)$, traçons le diagramme commutatif

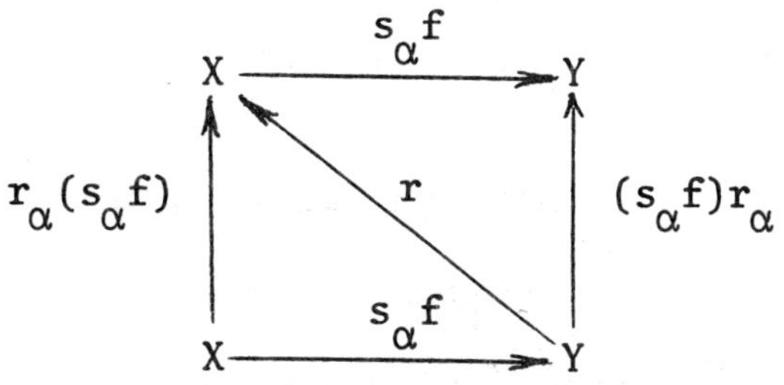

Puisque par hypothèse $Y \in \mathcal{F}$(compact) , la fonction $s_\alpha f r_\alpha$, étant compacte, possède un point fixe. Par le lemme (1.2), on déduit que $r_\alpha s_\alpha f$ a aussi un point fixe. Ensuite, puisque $r_\alpha s_\alpha$ et 1_X sont α-proches, $r_\alpha s_\alpha f$ est une α-approximation de f. Ceci étant vrai pour chaque $\alpha \in \mathrm{Cov}(X)$, on déduit du lemme (2.2) que f possède un point fixe. La preuve est complète.

4. Propriété de point fixe pour des produits infinis

Soit $\{X_i\}_{i\in I}$ une famille d'espaces compacts $\neq \emptyset$ indexée par un ensemble infini I et soit $X = \prod_{i\in I} X_i$ leur produit topologique. Notons par $J = \{j\}$ la famille de tous les sous-ensembles finis de I ; étant donné $j \in J$, nous posons $X_j = \prod_{i\in j} X_i$.

(4.1) *Soit* $\Omega = \{X_j \mid j \in J\}$. *Alors le produit* $X = \prod_{i\in I} X_i$ *appartient à* $\mathcal{D}(\Omega)$.

PREUVE. Choisissons dans chaque X_i un point de base x_i^o et pour $j \in J$ définissons $\tilde{X}_j \subset X$ comme suit

$$\{x_i\} \in \tilde{X}_j \iff \begin{cases} x_i \in X_i & \text{pour } i \in j \\ x_i = x_i^o & \text{pour } i \notin j . \end{cases}$$

Il est clair que l'on peut identifier $\tilde{X}_j$ avec X_j.

Nous définissons maintenant un sous-ensemble $\mathcal{D} \subset \mathrm{Cov}(X)$ comme suit: $\alpha \in \mathcal{D}$ si α est un recouvrement fini constitué d'ensembles ouverts de la forme $\prod_{i\in I} U_i$ où U_i est ouvert dans X_i pour tout $i \in I$ et $U_i = X_i$ sauf pour un nombre fini d'indices. Par le théorème de Tychonoff et tenant compte de la définition de la topologie produit, on conclut que $\mathcal{D}$ est confinale dans Cov(X) . Soit $\alpha \in \mathcal{D}$; il découle de la définition de l'ensemble $\mathcal{D}$ que α détermine un ensemble fini d'indices "essentiels" $j(\alpha)$. Soit $s_\alpha : \widetilde{X} \to X_{j(\alpha)}$ la projection et $r_\alpha : \widetilde{X}_{j(\alpha)} \to X$ l'injection canonique. On voit maintenant facilement que $r_\alpha s_\alpha$ est α-proche de 1_X , et ainsi notre assertion est prouvée, à cause de la confinalité de $\mathcal{D}$ dans Cov(X) .

De la proposition ci-dessus et du lemme (3.1), nous déduisons le théorème suivant:

(4.2) <u>THÉORÈME</u>. *Le produit infini* $X = \prod_{i \in I} X_i$ *d'espaces compacts a la p.p.f. si et seulement si chaque produit fini* $X_j = \prod_{i \in j} X_i$, $j \in J$, *a la p.p.f.*

De ceci et du théorème de point fixe de Brouwer nous obtenons:

(4.3) <u>COROLLAIRE</u>. *Le cube de Hilbert* I^∞ *et tout cube de Tychonoff ont la p.p.f.*

5. <u>Théorèmes de point fixe pour les espaces d'extension</u>

On peut énoncer maintenant le premier résultat général.

(5.1) <u>THÉORÈME</u>. *Soit* K *l'une des classes suivantes:* (i) *compact,* (ii) *compact métrique,* (iii) *compact métrique de dimension finie. Alors* $ES(K) \subset F(K)$.

<u>PREUVE</u>. Considérons d'abord le cas où K = compact. Soit donc $X \in$ ES(com-

pact) et soit $f : X \to X$ une fonction compacte. Nous voulons montrer l'existence d'un point fixe pour f.

Notons par K un ensemble compact contenant $f(X)$ et plongeons K dans un cube de Tychonoff T. Notons par $s : K \to \tilde{K}$ l'homéomorphisme de K sur $\tilde{K} \subset T$. On peut écrire maintenant le diagramme commutatif suivant:

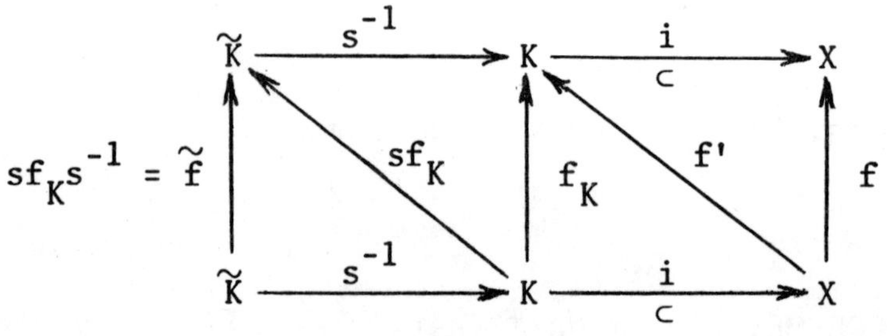

dans lequel f' et f_K représentent les contractions évidentes de f.

Maintenant, considérons la fonction $is^{-1} : \tilde{K} \to X$. Puisque $X \in ES(\text{compact})$, il existe un prolongement $h : T \to X$ de is^{-1} à T ; ainsi, si $j : \tilde{K} \to T$ dénote l'injection canonique, on a $hj = is^{-1}$.

Remarquons que le diagramme suivant commute:

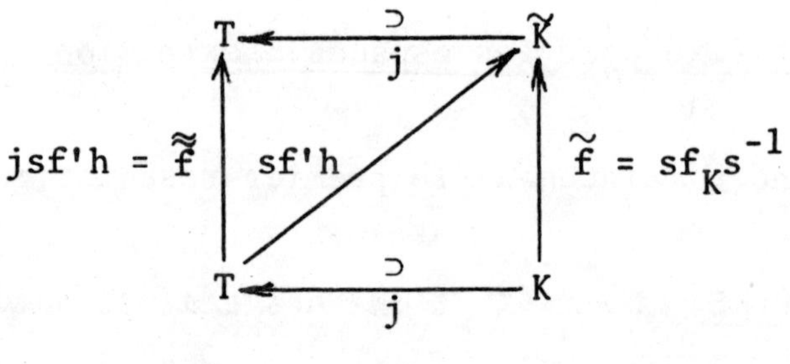

En regardant les deux diagrammes ci-dessus, nous obtenons le diagramme commutatif suivant:

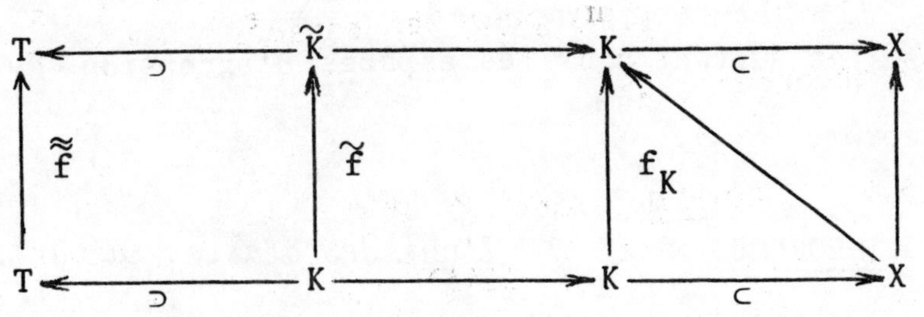

dans lequel $\tilde{\tilde{f}}$ est une fonction du cube de Tychonoff T dans lui-même, et donc possède un point fixe. Il s'ensuit d'après le lemme (3.2) que toute fonction représentée par une flèche verticale possède un point fixe et ainsi, en particulier, $f(x) = x$ pour un certain $x \in X$, et la preuve de notre théorème pour K = compact est complète.

La preuve du cas K = compact métrique (resp. K = compact métrique de dimension finie) est strictement analogue à celle considérée ci-dessus sauf que nous remplaçons la fonction $s : K \to T$ par le plongement de K dans le cube de Hilbert (resp. dans un cube euclidien de dimension suffisamment grande).

(5.2) <u>COROLLAIRE</u>. *Tout espace* AR *a la p.p.f. pour la classe des fonctions compactes.*

(5.3) <u>COROLLAIRE</u>. (<u>Théorème de point fixe de Schauder</u>.) *Tout ensemble convexe métrisable dans un espace vectoriel localement convexe a la p.p.f. pour la classe des fonctions compactes.*

(5.4) <u>COROLLAIRE</u>. *Soit* C *un sous-ensemble convexe d'un espace vectoriel topologique arbitraire. Alors toute fonction* $f : C \to C$ *qui envoie* C *dans un sous-espace compact métrique de dimension finie de* C *doit avoir un point fixe.*

Le résultat suivant pour les espaces d'extension approximatifs généralise le théorème (5.1).

(5.5) <u>THÉORÈME</u>. *Soit* K *l'une des classes suivantes:* (i) *compact,* (ii) *compact métrique,* (iii) *compact métrique de dimension finie. Alors* $AES(K) \subset F(K)$.

La preuve du théorème (5.5) est laissée en exercice pour le lecteur.

Du théorème (5.5) nous déduisons comme corollaire le résultat bien connu suivant:

(5.6) (<u>Théorème de point fixe de Tychonoff</u>). *Soit* C *un sous-ensemble convexe d'un espace vectoriel topologique localement convexe. Alors* $C \in F(\text{compact})$. *En particulier, si* C *est compact, alors* $C \in F$.

Chapitre 5

LA TRACE DE LERAY ET LE NOMBRE DE LEFSCHETZ GÉNÉRALISÉ

Dans ce qui suit, un outil algébrique clé est fourni par la théorie de la trace généralisée due à J. Leray. Dans ce chapitre, nous présentons quelques définitions et résultats de base de cette théorie.

1. La trace ordinaire

Dans la suite, tous les espaces vectoriels seront pris sur un corps fixe K . Pour un endomorphisme $\phi : E \to E$ d'un espace vectoriel de dimension finie E , nous noterons $\mathrm{tr}\,\phi$ la trace ordinaire de ϕ .

Nous rappelons les deux propriétés fondamentales suivantes de la fonction trace tr :

(1.1) (Commutativité). *Supposons que dans la catégorie des espaces vectoriels de dimension finie, le diagramme suivant commute*

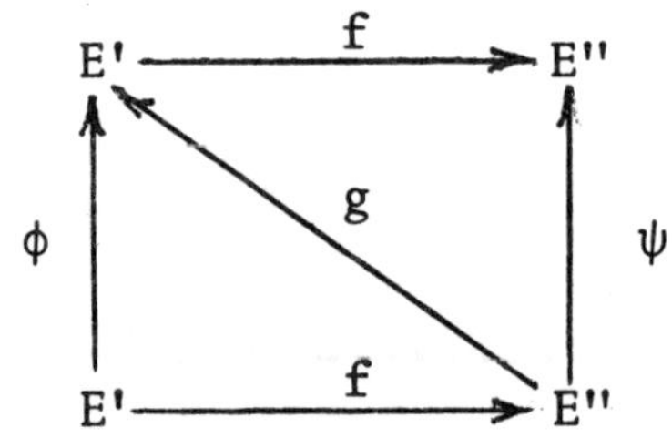

Alors $\operatorname{tr}\phi = \operatorname{tr}\psi$ *; en d'autres mots:* $\operatorname{tr}(gf) = \operatorname{tr}(fg)$.

(1.2) (<u>Additivité</u>). *Etant donné un diagramme commutatif d'espaces vectoriels de dimension finie avec lignes exactes*

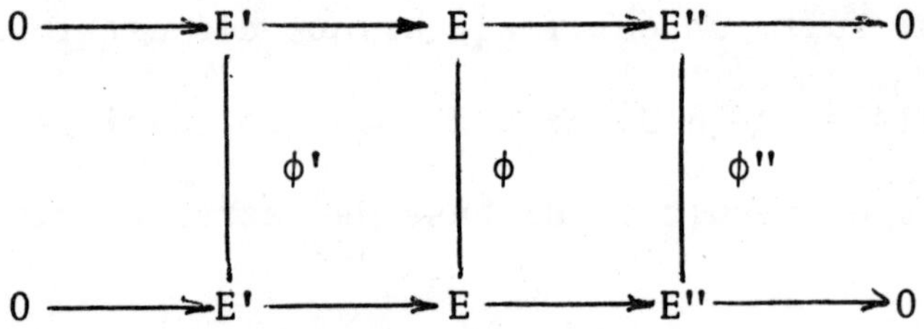

nous avons $\operatorname{tr}(\phi) = \operatorname{tr}(\phi') + \operatorname{tr}(\phi'')$.

Soit E un espace vectoriel arbitraire. On dit qu'un endomorphisme $\phi : E \to E$ est *nilpotent* si $\phi^n = 0$ pour un certain n ; plus généralement, on dit que ϕ est *faiblement nilpotent* si pour tout $x \in E$ il existe un naturel n_x (dépendant de x) tel que $\phi^{n_x}(x) = 0$.

(1.3) *Si* $\dim E < \infty$ *et* $\phi : E \to E$ *est nilpotent, alors* $\operatorname{tr}\phi = 0$.

<u>PREUVE</u>. Par hypothèse, il existe n tel que $\operatorname{Ker}\phi^n = E$. Considérons le diagramme commutatif suivant

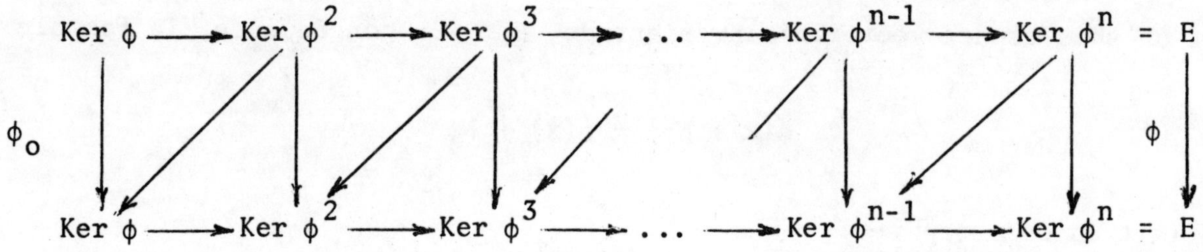

dans lequel toutes les flèches sans nom sont soit les injections canoniques, soit les contractions de l'endomorphisme ϕ . Puisque $\phi_o = 0$, en appliquant la commutativité, nous obtenons que la trace de chaque flèche verticale est zéro. En particulier $\operatorname{tr} \phi = 0$, et la preuve est complète.

2. <u>Le foncteur</u> $\sim$

Soit (E,ϕ) une paire constituée d'un espace vectoriel E et d'un endomorphisme $\phi : E \to E$. Etant donné deux telles paires (E,ϕ) et (E',ϕ') un *morphisme* $f : (E,\phi) \to (E',\phi')$ est une fonction linéaire $f : E \to E'$ telle que $f\phi = \phi' f$. Il est clair que les paires (E,ϕ) et les morphismes $f : (E,\phi) \to (E',\phi')$ forment une catégorie. Cette catégorie sera notée *End* et appelée catégorie des endomorphismes.

Étant donné $\phi : E \to E$, notons $\phi^n : E \to E$ la n-ième itérée de ϕ et observons que les noyaux

$$\operatorname{Ker} \phi \subset \operatorname{Ker} \phi^2 \subset \dots$$

forment une suite croissante de sous-espaces vectoriels invariants de E et donc leur réunion

$$N\phi = \bigcup_{n \geq 1} \operatorname{Ker} \phi^n = \{x \in E \ ; \ \phi^n(x) = 0 \ \text{pour un certain} \ n\}$$

est un sous-espace vectoriel invariant de E . En conséquence, la formule

$$\tilde{\phi}(x + N\phi) = \phi(x) + N\phi$$

définit un endomorphisme

$$\tilde{\phi} : \tilde{E} \to \tilde{E}$$

sur l'espace quotient

$$\tilde{E} = E/N\phi \ .$$

Maintenant, étant donné un morphisme $f : (E,\phi) \to (E',\phi')$, remarquons que f envoie $N\phi$ dans $N\phi'$ et donc détermine une fonction linéaire $\tilde{f} : \tilde{E} \to \tilde{E}'$.

On voit facilement que $\widetilde{f\phi} = \tilde{\phi}'\tilde{f}$ et donc $\tilde{f} : (\tilde{E},\tilde{\phi}) \to (\tilde{E}',\tilde{\phi}')$.

(2.1) *Les passages* $(E,\phi) \Rightarrow (\tilde{E},\tilde{\phi})$ *et* $f \Rightarrow \tilde{f}$ *définissent un foncteur* $\sim$ *de la catégorie des endomorphismes dans elle-même.*

Nous laissons la preuve en exercice (facile) pour le lecteur.

(2.2) *Si* $\phi : E \to E$, *alors* $\tilde{\phi} : \tilde{E} \to \tilde{E}$ *est injective. En d'autres mots,* $\sim$ *transforme des endomorphismes arbitraires en monomorphismes.*

<u>PREUVE</u>. Il est évidemment suffisant de prouver que $\phi^{-1}(N\phi) = N\phi$. Si $x \in \phi^{-1}(N\phi)$, alors $\phi(x) \in N\phi$. Ceci implique que, pour un certain n , nous avons $\phi^n(\phi(x)) = 0 = \phi^{n+1}(x)$; donc $x \in N\phi$. Réciproquement, si $x \in N\phi$, alors $\phi^n(x) = 0$ pour un certain n ; donc $\phi^n(\phi(x)) = 0$, i.e. $\phi(x) \in N(\phi)$, ou encore $x \in \phi^{-1}(N\phi)$.

Nous reformulons maintenant (2.1) sous la forme pratique suivante:

(2.3) *A un diagramme commutatif d'espaces vectoriels*

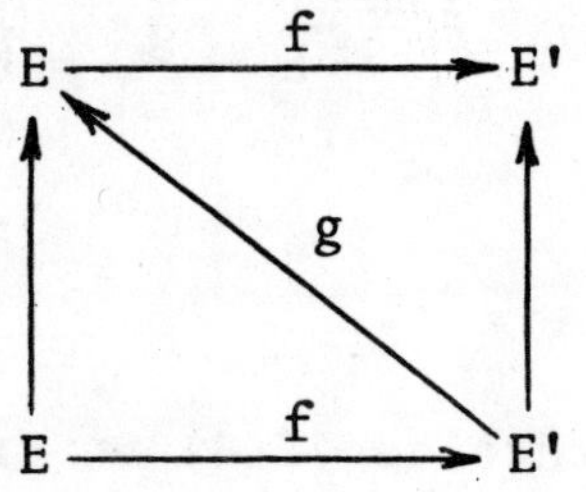

correspond un diagramme commutatif

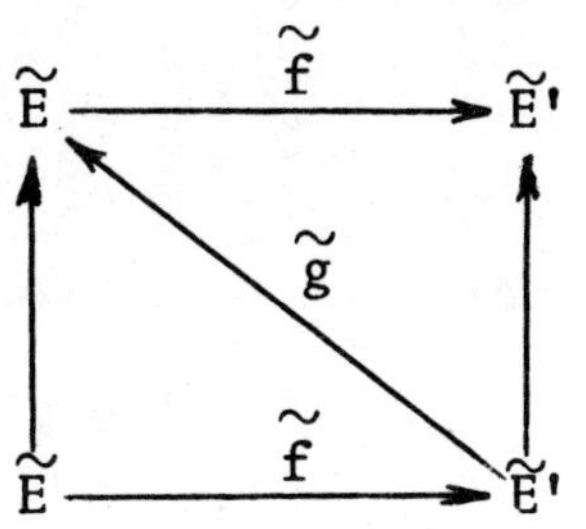

(2.4) *Supposons que le diagramme suivant*

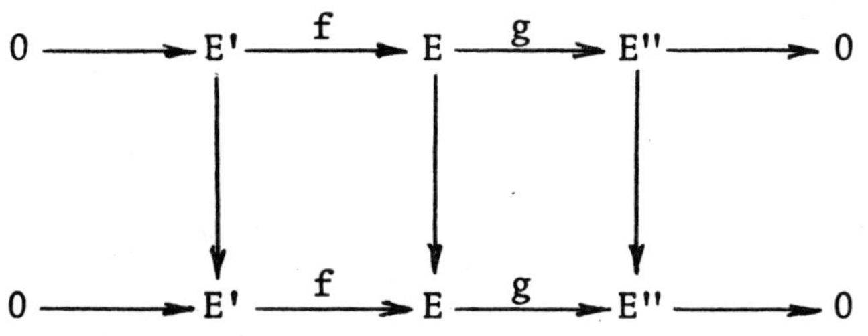

a des lignes exactes et commute. Alors, sous l'hypothèse $\dim E' < \infty$ *, le diagramme correspondant*

$$\begin{array}{ccccccccc} 0 & \longrightarrow & \widetilde{E}' & \xrightarrow{\tilde{f}} & \widetilde{E} & \xrightarrow{\tilde{g}} & \widetilde{E}'' & \longrightarrow & 0 \\ & & \downarrow & & \downarrow & & \downarrow & & \\ 0 & \longrightarrow & \widetilde{E}' & \xrightarrow{\tilde{f}} & \widetilde{E} & \xrightarrow{\tilde{g}} & \widetilde{E}'' & \longrightarrow & 0 \end{array}$$

possède la même propriété.

Nous laissons la preuve de (2.4) en exercice (facile) pour le lecteur.

3. Trace généralisée Tr

(3.1) DÉFINITION. Soit E un espace vectoriel arbitraire. On dit qu'un endomorphisme $\phi : E \to E$ est *admissible* si $\dim \widetilde{E} < \infty$. Pour un tel ϕ , l'endomorphisme $\phi : \widetilde{E} \to \widetilde{E}$ est un isomorphisme et nous définissons la *trace de Leray* $\operatorname{Tr} \phi$ en posant $\operatorname{Tr} \phi = \operatorname{tr} \tilde{\phi}$.

Nous allons d'abord montrer que la trace de Leray *est* une généralisation de la fonction trace ordinaire.

(3.2) *Soit* $\phi : E \to E$ *un endomorphisme. Si* $\dim E < \infty$, *alors* $\operatorname{Tr} \phi = \operatorname{tr} \phi$.

PREUVE. Considérons un diagramme commutatif avec lignes exactes

$$\begin{array}{ccccccccc} 0 & \longrightarrow & N\phi & \longrightarrow & E & \longrightarrow & \widetilde{E} & \longrightarrow & 0 \\ & & \downarrow{\scriptstyle \phi'} & & \downarrow{\scriptstyle \phi} & & \downarrow{\scriptstyle \tilde{\phi}} & & \\ 0 & \longrightarrow & N\phi & \longrightarrow & E & \longrightarrow & \widetilde{E} & \longrightarrow & 0 \end{array}$$

Par additivité, nous avons $\mathrm{tr}\ \phi = \mathrm{tr}\ \phi' + \mathrm{tr}\ \tilde{\phi}$. Puisque $\dim E \quad \infty$, $N\phi = \mathrm{Ker}\ \phi^n$ pour un certain n , i.e., $\phi^n(N\phi) = 0$. Ceci implique que $\mathrm{tr}\ \phi' = 0$ (car ϕ' est nilpotent) et donc $\mathrm{tr}\ \phi = \mathrm{tr}\ \tilde{\phi} = \mathrm{Tr}\ \phi$.

(3.3) <u>THÉORÈME</u>. *Les deux propriétés suivantes sont les propriétés de base de la trace généralisée:*

A. (<u>Commutativité</u>). *Supposons que dans la catégorie des espaces vectoriels arbitraires le diagramme suivant commute:*

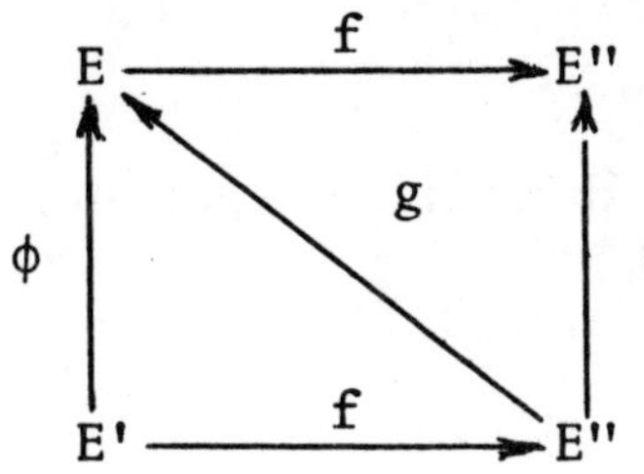

Alors si l'une des deux fonctions ϕ *ou* ψ *est admissible, l'autre l'est aussi et dans ce cas* $\mathrm{Tr}\ \phi = \mathrm{Tr}\ \psi$.

B. (<u>Additivité</u>). *Supposons que l'on se donne un diagramme commutatif d'espaces vectoriels avec lignes exactes:*

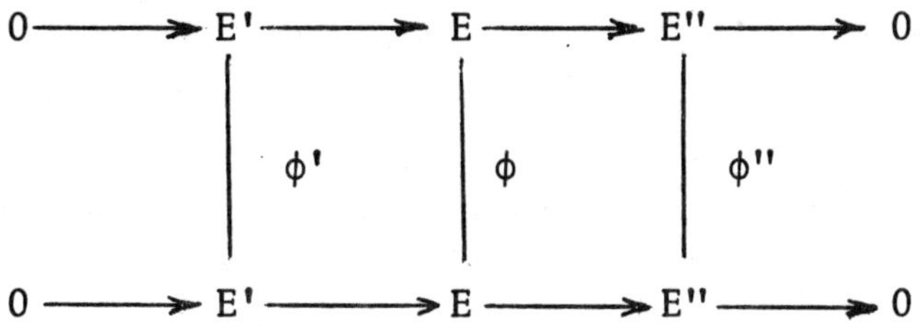

tel que l'une des deux conditions suivantes soit vérifiée:

(i) *deux des trois endomorphismes sont admissibles;*

(ii) ϕ *est admissible.*

Alors les trois endomorphismes sont admissibles et

$$\mathrm{Tr}(\phi) = \mathrm{Tr}(\phi') + \mathrm{Tr}(\phi'') \ .$$

PREUVE. La propriété A. découle clairement de la commutativité de la trace ordinaire et de (2.3). Similairement, la propriété B. découle de l'additivité de la trace ordinaire et de (2.4).

Nous donnons maintenant un exemple très simple mais important.

(3.4) *Tout endomorphisme faiblement nilpotent* $\phi : E \to E$ *est admissible et* $\mathrm{Tr}\ \phi = 0$.

PREUVE. Si $\phi : E \to E$ est faiblement nilpotent, alors $E = N\phi$, $\tilde{E} = 0$ et donc ϕ est admissible et $\mathrm{Tr}\ \phi = 0$.

Pour donner d'autres exemples d'endomorphismes admissibles, nous prouvons la proposition suivante:

(3.5) *Soient* $\phi : E \to E$ *un endomorphisme et* $E_o \subset E$ *un sous-espace invariant. Supposons que pour chaque* $x \in E$ *il existe un naturel* n_x *tel que* $\phi^{n_x}(x) \in E_o$. *Alors*

(i) *la contraction* $\phi_o : E_o \to E_o$ *est admissible si et seulement si* ϕ *est admissible.*

(ii) $\mathrm{Tr}\ \phi = \mathrm{Tr}\ \phi_o$, *si l'une des deux traces est définie.*

PREUVE. Puisque $E_o \subset E$ est invariant, le diagramme suivant avec lignes exactes est commutatif:

$$\begin{array}{ccccccccc} 0 & \longrightarrow & E_o & \longrightarrow & E & \longrightarrow & E/E_o & \longrightarrow & 0 \\ & & \downarrow \phi_o & & \downarrow \phi & & \downarrow \phi_1 & & \\ 0 & \longrightarrow & E_o & \longrightarrow & E & \longrightarrow & E/E_o & \longrightarrow & 0 \end{array}$$

Soit $x + E_o$ un élément arbitraire de E/E_o . Par hypothèse, il existe un entier n tel que $\phi^n(x) \in E_o$ et donc

$$\phi_1^n(x + E_o) = \phi^n(x) + E_o = E_o \ .$$

Par conséquent, d'après (3.4), ϕ_1 est admissible et $\operatorname{Tr} \phi_1 = 0$. Ce qui, étant donné l'additivité de la trace généralisée, implique nos deux assertions (i) et (ii), car $\operatorname{Tr} \phi = \operatorname{Tr} \phi_o + \operatorname{Tr} \phi_1$.

(3.6) <u>COROLLAIRE</u>. *L'une quelconque des conditions suivantes implique qu'un endomorphisme* $\phi : E \to E$ *est admissible:*

(i) $\dim \phi(E) < \infty$;

(ii) $\dim \phi^n(E) < \infty$ *pour un certain* n ;

(iii) *il existe un sous-espace de dimension finie invariant* $E_o \subset E$ *tel que pour chaque* $x \in E$ *il existe* n *avec* $\phi^n(x) \in E_o$.

4. Les endomorphismes de Leray

Nous en arrivons maintenant aux espaces vectoriels gradués. Rappelons d'abord la définition du nombre de Lefschetz ordinaire.

(4.1) <u>DÉFINITION</u>. Soit un espace vectoriel gradué $E = \{E_o\}$. On dit que E est de *type fini* si: (i) $\dim E_q < \infty$ pour tout q , (ii)

$E_q = 0$ pour presque tout q . Si $\phi = \{\phi_q\}$ est un endomorphisme d'un tel espace (i.e. $\phi_q : E_q \to E_q$) , alors le *nombre de Lefschetz* (ordinaire) $\lambda(\phi)$ de ϕ est défini par

$$\lambda(\phi) = \sum_q (-1)^q \operatorname{tr}(\phi_q)$$

et la *caractéristique d'Euler-Poincaré* $\chi(E)$ d'un espace $E = \{E_q\}$ de type fini est donnée par

$$\chi(E) = \sum_q (-1)^q \dim E_q \ .$$

Evidemment, $\chi(E) = \lambda(1_E)$.

Nous allons maintenant définir une classe d'endomorphismes gradués pour lesquels un nombre de Lefschetz peut être défini.

(4.2) DÉFINITION. Soit $\phi = \{\phi_q\}$ un endomorphisme d'un espace vectoriel gradué arbitraire $E = \{E_q\}$ dans lui-même et soit $\tilde{\phi} = \{\tilde{\phi}_q\}$ l'endomorphisme induit sur l'espace vectoriel gradué $\tilde{E} = \{\tilde{E}_q\}$. On dit que ϕ est un *endomorphisme de Leray* si $\tilde{E} = \{\tilde{E}_q\}$ est de type fini. Pour un tel ϕ , on définit le *nombre de Lefschetz généralisé* $\Lambda(\phi)$ en posant

$$\Lambda(\phi) = \sum_q (-1)^q \operatorname{Tr}(\phi_q) = \sum (-1)^q \operatorname{tr}(\tilde{\phi}_q) \ .$$

Si $E = \{E_q\}$ est de type fini, alors il est clair que $\lambda(\phi) = \Lambda(\phi)$.

(4.3) THÉORÈME. *Les deux propriétés suivantes sont les propriétés de base du nombre de Lefschetz généralisé:*

A. (Commutativité). *Supposons que dans la catégorie des espaces vectoriels gradués le diagramme suivant commute*

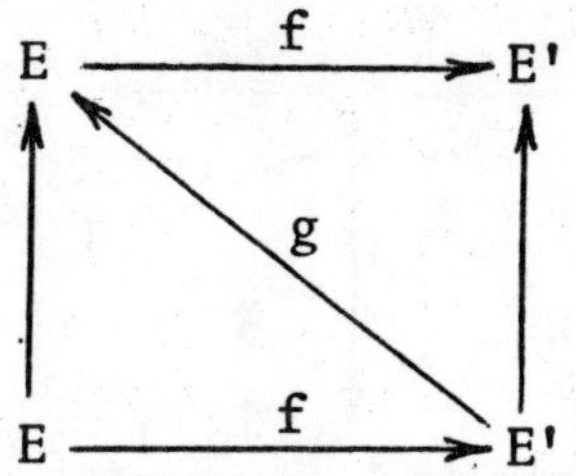

Si $\Lambda(\phi)$ *est défini, alors* $\Lambda(\psi)$ *l'est aussi et dans ce cas* $\Lambda(\phi) = \Lambda(\psi)$.

B. (<u>Additivité</u>). *Supposons que l'on se donne un diagramme commutatif d'espaces vectoriels gradués avec lignes exactes tel*

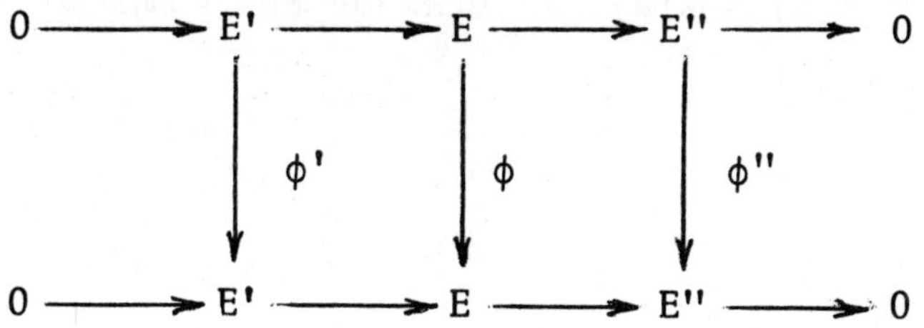

que l'une des conditions suivantes soit vérifiée:

(i) ϕ *est un endomorphisme de Leray;*

(ii) *deux des trois flèches verticales représentent des endomorphismes de Leray.*

Alors les trois endomorphismes ϕ' , ϕ *et* ϕ'' *sont de Leray et*

$$\Lambda(\phi) = \Lambda(\phi') + \Lambda(\phi'') .$$

<u>PREUVE</u>. Ce théorème est une conséquence directe des définitions et des propriétés de commutativité et d'additivité de la trace généralisée.

(4.4) <u>THÉORÈME</u>. *Soient* $a = \{a_q\}$, $b = \{b_q\}$, $c = \{c_q\}$ *des endomorphismes d'espaces vectoriels gradués* $A = \{A_q\}$, $B = \{B_q\}$ *et* $C = \{C_q\}$ *respectivement. Supposons que le diagramme suivant*

$$\begin{array}{ccccccccccccc}
\longrightarrow & C_{q+1} & \xrightarrow{\delta_q} & A_q & \xrightarrow{i_q} & B_q & \xrightarrow{j_q} & C_q & \xrightarrow{\delta_{q-1}} & A_{q-1} & \longrightarrow & \cdots \\
 & \downarrow{\scriptstyle c_{q+1}} & & \downarrow{\scriptstyle a_q} & & \downarrow{\scriptstyle b_q} & & \downarrow{\scriptstyle c_q} & & \downarrow{\scriptstyle a_{q-1}} & & \\
\longrightarrow & C_{q+1} & \xrightarrow{\delta_q} & A_q & \xrightarrow{i_q} & B_q & \xrightarrow{j_q} & C_q & \xrightarrow{\delta_{q-1}} & A_{q-1} & \longrightarrow & \cdots
\end{array}$$

soit commutatif et ait des lignes exactes. Alors:

(i) *si deux des endomorphismes* a , b , c *sont de Leray, le troisième l'est aussi;*

(ii) $A(c) = A(b) = A(a)$ *si deux de ces nombres sont définis.*

<u>PREUVE</u>. Posons

$$A'_q = \operatorname{Im} \delta_q = \operatorname{Ker} i_q \ , \qquad A' = \{A'_q\}$$

$$B'_q = \operatorname{Im} i_q = \operatorname{Ker} j_q \ , \qquad B' = \{B'_q\}$$

$$C'_q = \operatorname{Im} j_q = \operatorname{Ker} \delta_{q-1} \ , \qquad C' = \{C'_q\} \ .$$

Il découle de l'hypothèse que les diagrammes suivants sont commutatifs et ont des lignes exactes:

$$\begin{array}{ccccccccc}
0 & \longrightarrow & A'_q & \longrightarrow & A_q & \longrightarrow & B'_q & \longrightarrow & 0 \\
 & & \downarrow{\scriptstyle a'_q} & & \downarrow{\scriptstyle a_q} & & \downarrow{\scriptstyle b'_q} & & \\
0 & \longrightarrow & A'_q & \longrightarrow & A_q & \longrightarrow & B'_q & \longrightarrow & 0
\end{array}$$

$$\begin{array}{ccccccccc}
0 & \longrightarrow & B'_q & \longrightarrow & B_q & \longrightarrow & C'_q & \longrightarrow & 0 \\
 & & \Big\downarrow b'_q & & \Big\downarrow b_q & & \Big\downarrow c'_q & & \\
0 & \longrightarrow & B'_q & \longrightarrow & B_q & \longrightarrow & C'_q & \longrightarrow & 0
\end{array}$$

$$\begin{array}{ccccccccc}
0 & \longrightarrow & C'_q & \longrightarrow & C_q & \longrightarrow & A'_{q-1} & \longrightarrow & 0 \\
 & & \Big\downarrow c'_q & & \Big\downarrow c_q & & \Big\downarrow a'_{q-1} & & \\
0 & \longrightarrow & C'_q & \longrightarrow & C_q & \longrightarrow & A'_{q-1} & \longrightarrow & 0
\end{array}$$

Dans le diagramme ci-dessus a'_q , b'_q , c'_q sont les contractions évidentes de a_q , b_q , c_q respectivement; posons:

$$a' = \{a'_q\} , \qquad b' = \{b'_q\} , \qquad c' = \{c'_q\} .$$

En examinant ces diagrammes et en tenant compte du théorème (4.3), on vérifie aisément l'assertion (i).

Pour prouver (ii), notons que du premier et du second diagrammes nous tirons, en utilisant l'additivité:

$$\Lambda(a) = \Lambda(a') + \Lambda(b')$$

$$\Lambda(b) = \Lambda(b') + \Lambda(c')$$

et du troisième (à cause du décalage dans la dimension)

$$\Lambda(c) = \Lambda(c') - \Lambda(a') .$$

En conséquence, $\Lambda(c) = \Lambda(b) - \Lambda(a)$ et la preuve est complète.

[illegible] les diagrammes ci-dessus [illegible] pour les contributions [illegible]

En examinant les diagrammes et en tenant compte du théorème [illegible]

[illegible] second diagramme [illegible]

[illegible]

En conséquence, [illegible]

Chapitre 6

ESPACES DE LEFSCHETZ

Après les nécessaires préliminaires algébriques, nous en venons maintenant à la notion d'espace de Lefschetz qui représente un thème central dans ces notes.

1. Fonctions de Lefschetz

Considérons la catégorie Top^2 des paires d'espaces topologiques et de fonctions continues, et fixons un foncteur d'homologie H de la catégorie Top^2 dans la catégorie des espaces vectoriels gradués sur un corps K . Dans tout ce qui suit, H est soit l'homologie singulière, soit le foncteur homologie de Čech avec coefficients dans K .

Ainsi, pour une paire (X,A) d'espaces, $H(X,A) = \{H_q(X,A)\}$ est l'espace vectoriel gradué, $H_q(X,A)$ étant le groupe d'homologie relative de dimension q avec coefficients dans K . Pour une fonction $f : (X,A) \to (Y,B)$, H(f) est la fonction linéaire induite $f_* = \{f_q\}$ où $f_q : H_q(X,A) \to H_q(Y,B)$.

Etant donnée une fonction $f : (X,A) \to (X,A)$, nous notons $f_X : X \to X$ et $f_A : A \to A$ les fonctions évidentes définies par f .

(1.1) <u>DÉFINITION</u>. Une fonction $f : (X,A) \to (X,A)$ est dite de *Lefschetz* (par rapport à H) si $f_* : H(X,A) \to H(X,A)$ est un endomorphisme de Leray. Pour une telle fonction f , nous définissons le nombre de Lefschetz $\Lambda(f)$ en posant

$$\Lambda(f) = \Lambda(f_*) .$$

La propriété très simple suivante est importante:

(1.2) *Si les fonctions* f *et* g *sont homotopes, alors leurs nombres de Lefschetz (si définies) coïncident, i.e.* $\Lambda(f) = \Lambda(g)$.

La première propriété de base des fonctions de Lefschetz est donnée par le théorème suivant:

(1.3) <u>THÉORÈME</u>. *Supposons que, dans la catégorie des paires d'espaces et de fonctions, le diagramme suivant commute:*

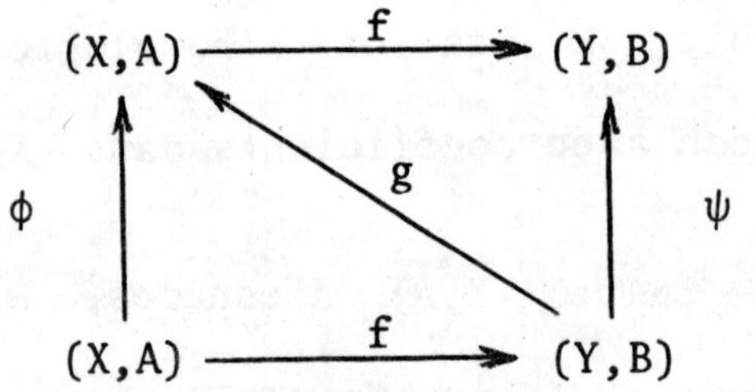

Alors, si l'une des fonctions ϕ *ou* ψ *est de Lefschetz, l'autre l'est aussi et dans ce cas* $\Lambda(\phi) = \Lambda(\psi)$.

<u>PREUVE</u>. En appliquant le foncteur H au diagramme ci-dessus, on obtient

le diagramme commutatif d'espaces vectoriels gradués:

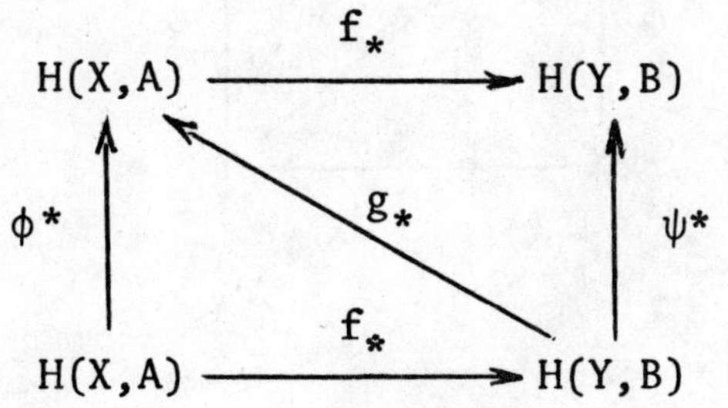

Maintenant, l'assertion du théorème découle des définitions et du théorème (5.4.3).

Voici des exemples typiques dans lesquels le théorème ci-dessus est utilisé:

EXEMPLE 1. Soit $f : X \to X$ une fonction telle que $f(X) \subset K \subset X$. Alors, nous avons le diagramme commutatif:

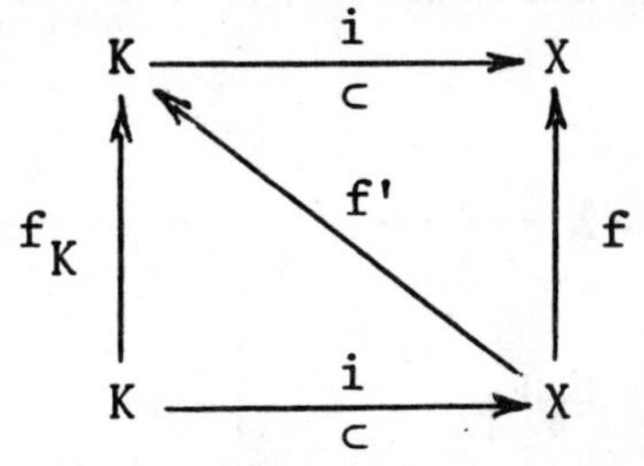

où f' et f_K désignent les contractions évidentes de f.

EXEMPLE 2. Soit $r : Y \to X$, $s : X \to Y$ une paire de fonctions telles que $rs = 1_X$. Dans cette situation, étant donnée une fonction $\phi : X \to X$, nous avons le diagramme commutatif:

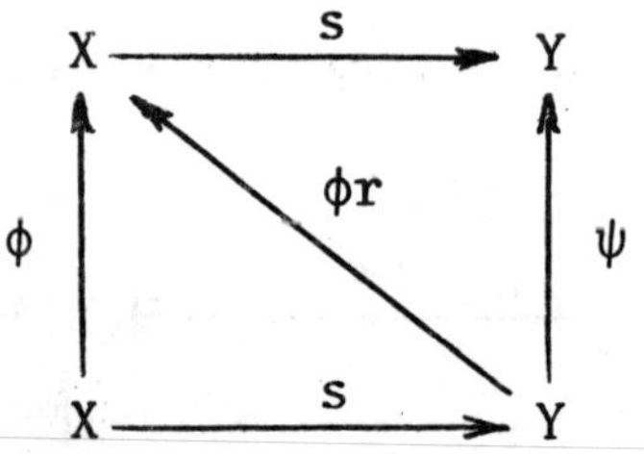

où $\psi = s\phi r$.

La seconde propriété de base des fonctions de Lefschetz est donnée par le théorème suivant:

(1.4) <u>THÉORÈME</u>. *Soit* $f : (X,A) \to (X,A)$ *une fonction. Si deux des fonctions* f , f_X *et* f_A *sont de Lefschetz, alors la troisième l'est aussi et dans ce cas nous avons*

$$\Lambda(f) = \Lambda(f_X) - \Lambda(f_A) .$$

<u>PREUVE</u>. Considérons le diagramme commutatif avec lignes exactes:

$$\begin{array}{ccccccccccc}
\cdots & \longrightarrow & H_q(A) & \xrightarrow{i_q} & H_q(X) & \xrightarrow{j_q} & H_q(X,A) & \xrightarrow{\delta_q} & H_{q-1}(A) & \longrightarrow & \cdots \\
 & & \downarrow{\scriptstyle (f_A)_q} & & \downarrow{\scriptstyle (f_X)_q} & & \downarrow{\scriptstyle f_q} & & \downarrow{\scriptstyle (f_A)_{q-1}} & & \\
\cdots & \longrightarrow & H_q(A) & \xrightarrow{i_q} & H_q(X) & \xrightarrow{j_q} & H_q(X,A) & \xrightarrow{\delta_q} & H_{q-1}(A) & \longrightarrow & \cdots
\end{array}$$

(= l'endomorphisme de la suite d'homologie de la paire (X,A) induit par f) . Maintenant, notre assertion découle des définitions et du théorème (5.4.4).

2. Exemples de fonctions de Lefschetz

Nous commençons avec l'exemple évident suivant:

(2.1) *Soit* X *un espace acyclique et soit* $f : X \to X$ *une fonction arbitraire. Alors* f *est une fonction de Lefschetz et* $\Lambda(f) = 1$

(2.2) *Soient* $f : X \to X$ *une fonction et* $A \subset X$ *un sous-ensemble invariant qui absorbe les compacts de* X *. Alors* $f : (X,A) \to (X,A)$ *est une fonction de Lefschetz et* $\Lambda(f) = 0$ *.*

PREUVE. Prenons $q \geq 0$ quelconque et considérons l'endomorphisme induit: $H_q(X,A) \to H_q(X,A)$. Puisque H est à supports compacts, il découle de l'hypothèse que f_q est faiblement nilpotent et ainsi par (5.3.4) $\operatorname{Tr} f_q = 0$. Ceci étant vrai pour tout $q \geq 0$, notre assertion est démontrée.

Avant de donner d'autres exemples, nous allons prouver une autre propriété importante des fonctions de Lefschetz.

(2.3) THÉORÈME. *Soient* $f_X : X \to X$ *une fonction,* $A \subset X$ *un sous-ensemble invariant par* f_X *et* $f_A : A \to A$ *la contraction de* f_X *. Supposons que l'une quelconque des conditions suivantes soit satisfaite:*

(i) $f_X^n(X) \subset A$ *pour un entier* $n \geq 1$ *;*

(ii) A *absorbe les compacts de* X *.*

Si l'une des fonctions f_X *ou* f_A *est de Lefschetz, alors l'autre l'est aussi et dans ce cas* $\Lambda(f_X) = \Lambda(f_A)$ *.*

PREUVE. Il est clair que, puisque (i) => (ii) , il suffit de prouver notre théorème sous la condition (ii) .

Puisque A absorbe les compacts, nous savons par (2.2) que $f : (X,A) \to (X,A)$ est une fonction de Lefschetz et $\Lambda(f) = 0$. Si nous supposons que l'une des fonctions f_X ou f_A est de Lefschetz, nous concluons par le théorème (1.4) que l'autre l'est aussi et

$$\Lambda(f) = \Lambda(f_X) - \Lambda(f_A) .$$

Puisque $\Lambda(f) = 0$, la preuve est complète.

(2.4) COROLLAIRE. *Soient* $f : X \to X$ *une fonction et* A *un sous-ensemble acyclique invariant de* X . *Supposons de plus que l'une des conditions suivantes soit satisfaite:*

(i) $f^n(X) \subset A$ *pour un entier* $n \geq 1$;

(ii) A *absorbe les compacts de* X .

Alors f *est une fonction de Lefschetz et* $\Lambda(f) = 1$.

3. Espaces de Lefschetz pour les fonctions compactes

NOTATION. Rappelons (chapitre 1, section 3) que, étant donnée une classe d'espaces Ω , nous notons $\mathcal{R}(\Omega)$ et $\mathcal{D}_h(\Omega)$ les deux classes d'espaces définies comme suit:

$X \in \mathcal{R}(\Omega)$ <=> il existe un espace $Y \in \Omega$ qui r-domine X ;

$X \in \mathcal{D}_h(\Omega)$ <=> pour tout $\alpha \in \mathrm{Cov}(X)$ il existe un espace $Y \in \Omega$ qui α-homotopie domine X .

(3.1) DÉFINITION. Un espace X est dit de *Lefschetz* si toute fonction $f : X \to X$ est de Lefschetz et $\Lambda(f) \neq 0$ implique que f a un point fixe. Nous noterons L la classe de tous les espaces de Lefschetz.

Nous donnons sans démonstration le résultat classique suivant:

(3.2) (Théorème de Hopf-Lefschetz pour les polyèdres). *Tout polyèdre fini est un espace de Lefschetz.*

(3.3) DÉFINITION. Soient M une classe de fonctions et X un espace. Disons que X est un *espace de Lefschetz pour la classe* M si pour toute fonction $f : X \to X$ dans M le nombre de Lefschetz $\Lambda(f)$ est défini et $\Lambda(f) \neq 0$ implique que f a un point fixe. La classe d'espaces correspondante sera notée $L(M)$.

Dans cette section, nous prenons pour M soit la classe des fonctions compactes, soit la classe des fonctions polyédrales. Les deux classes d'espaces de Lefschetz correspondantes seront notées L(compact) et L(polyèdre) respectivement.

(3.4) *Tout espace* X *est un espace de Lefschetz pour les fonctions polyédrales.*

PREUVE. Pour une fonction polyédrale $f : X \to X$, écrivons un diagramme commutatif

$$\begin{array}{ccc} P & \xrightarrow{i} & X \\ {\scriptstyle f_P}\uparrow & \nwarrow{\scriptstyle f'} & \uparrow{\scriptstyle f} \\ P & \xrightarrow{i} & X \end{array}$$

dans lequel P est un polyèdre fini, appliquons le théorème de Hopf-Lefschetz (3.2), la commutativité du nombre de Lefschetz (1.3) et lemme (4.1.2).

Nous allons donner maintenant des méthodes générales pour former des nouveaux espaces de Lefschetz à partir d'anciens:

(3.5) THÉORÈME. *Si* X *est un espace de Lefschetz pour les fonctions compactes, il en est de même de tout espace* A *qui est* r-*dominé par* X . *En bref,*

(1) $$R(L(\text{compact})) \subset L(\text{compact}) .$$

Plus généralement, nous avons l'inclusion:

(2) $$R(L) \subset L .$$

PREUVE. Pour prouver (1), prenons une paire de fonctions $s : A \to X$, $r : X \to A$ avec $rs = 1_A$ et considérons une fonction compacte $f : A \to A$. Sous l'hypothèse $X \in L(\text{compact})$ nous voulons montrer que $\Lambda(f)$ est défini et que $\Lambda(f) \neq 0$ implique que f a un point fixe. Ecrivons un diagramme commutatif:

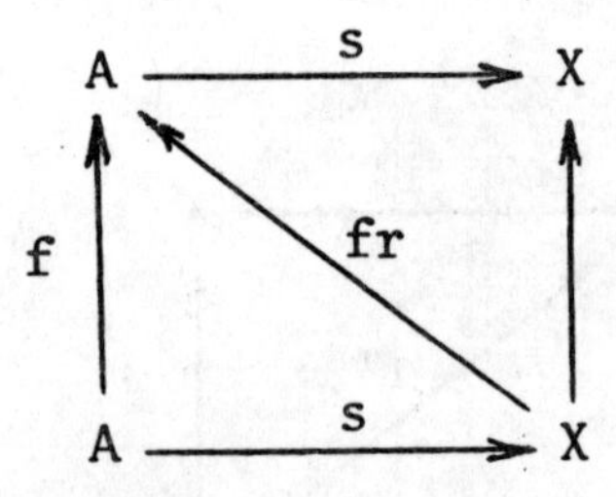

Il est clair que sfr est compacte et donc, par l'hypothèse, $\Lambda(sfr)$ est défini. Par la commutativité du nombre de Lefschetz (théorème (1.2)), $\Lambda(f)$ est défini et $\Lambda(f) = \Lambda(sfr)$. Si $\Lambda(f) \neq 0$, alors $\Lambda(sfr) \neq 0$ et sfr a un point fixe, puisque $X \in L(\text{compact})$. Mais ceci implique que f a un point fixe et la preuve de (1) est complète. La preuve de (2), étant similaire, est omise.

(3.6) <u>THÉORÈME</u>. *Soit* Ω *une classe d'espaces* $L(\text{compact})$ *et soit* $X \in \mathcal{D}_h(\Omega)$. *Alors,* X *est un espace de Lefschetz pour les fonctions compactes. En bref,*

(3) $$\mathcal{D}_h(L(\text{compact})) \subset L(\text{compact}) .$$

Plus généralement, nous avons l'inclusion

(4) $$\mathcal{D}_h(L) \subset L .$$

<u>PREUVE</u>. Pour prouver (3), prenons un espace $X \in \mathcal{D}_h(L(\text{compact}))$ et une fonction compacte $f : X \to X$. Prenons un recouvrement $\alpha \in \text{Cov}(X)$. Par hypothèse, il existe des fonctions $s_\alpha : X \to Y_\alpha$ et $r_\alpha : Y_\alpha \to X$ telles que

(5) $$r_\alpha s_\alpha \underset{\alpha}{=} 1_X$$

(6) $$r_\alpha s_\alpha \simeq 1_X$$

(7) $$Y_\alpha \in L(\text{compact}) .$$

De (5) et (6), nous tirons,

(8) $$f \underset{\alpha}{=} r_\alpha s_\alpha f$$

(9) $$f \simeq r_\alpha s_\alpha f .$$

Considérons le diagramme commutatif suivant

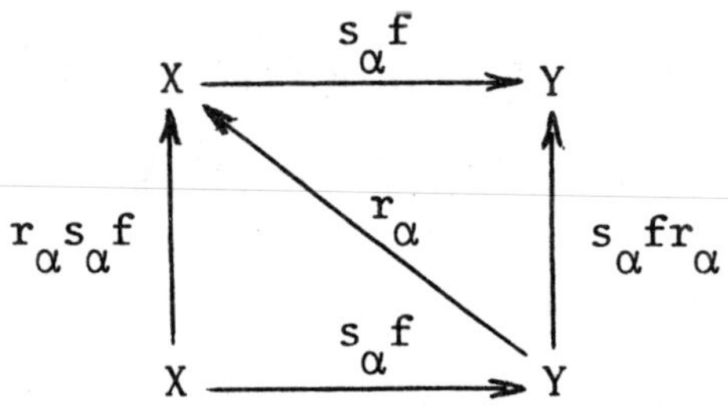

dans lequel $s_\alpha f r_\alpha$ est compacte. De (7) on déduit, par la commutativité du nombre de Lefschetz, que $\Lambda(r_\alpha s_\alpha f)$ est défini et donc, d'après (9), $\Lambda(f)$ est défini et nous avons

$$(10) \qquad \Lambda(f) = \Lambda(r_\alpha s_\alpha f) = \Lambda(s_\alpha f r_\alpha) \ .$$

Si $\Lambda(f) \neq 0$, on déduit de (10) et (7) que $s_\alpha f r_\alpha$ a un point fixe; donc, par le lemme (4.1.2), $r_\alpha s_\alpha f$ a aussi un point fixe. Maintenant, d'après (8), f est α-proche de $r_\alpha s_\alpha f$ et donc f a un α-point fixe. Nous avons montré que, étant donné $\alpha \in \mathrm{Cov}(X)$, $\Lambda(f) \neq 0$ implique que f a un α-point fixe. En appliquant le lemme (3.1.2), nous concluons qu'il existe $x \in X$ tel que $f(x) = x$ et la preuve de (3) est complète. La preuve de (4), étant similaire, est omise.

4. Espaces de Lefschetz pour les fonctions d'attraction compacte

Dans cette section nous prouvons que, sous des hypothèses très générales, tout espace de Lefschetz pour les fonctions compactes est aussi un espace de Lefschetz pour les fonctions d'attraction compacte. Par K nous désignons l'une des classes d'espaces suivantes: (i) compact, (ii) compact métrique, (iii) de dimension $\leq m$.

(4.1) <u>THÉORÈME</u>. *Soit* X *un espace régulier tel que tout ensemble ouvert* U *dans* X *soit un espace de Lefschetz pour les* K*-fonctions. Alors* X *est aussi un espace de Lefschetz pour les fonctions éventuellement de type* K .

<u>PREUVE</u>. Soit $f : X \to X$ une fonction éventuellement de type K . Nous voulons montrer que $\Lambda(f)$ est défini et que $\Lambda(f) \neq 0$ implique l'existence d'un point fixe pour f . Par le lemme (3.3.2), il existe un ouvert $U \subset X$ satisfaisant:

(1) $$f(U) \subset U \ ;$$

(2) $$f^n(X) \subset U \quad \text{pour un entier} \quad n \geq 1 \ ;$$

(3) $$f_U : U \to U \quad \text{est une} \quad K\text{-fonction} \ .$$

Il découle de (3) (puisque, par hypothèse, $U \in L(K)$) que $\Lambda(f_U)$ est défini . Donc, par le théorème (2.3), $\Lambda(f)$ est défini et $\Lambda(f) = \Lambda(f_U)$. De ceci et de (3), en supposant que $\Lambda(f) \neq 0$, nous déduisons (parce que $U \in L(K)$) que f_U a un point fixe. Donc f a un point fixe, puisque f_U a les mêmes valeurs que f .

(4.2) <u>THÉORÈME</u>. *Soit* X *un espace tel que tout ouvert* $U \subset X$ *est un espace de Lefschetz pour les fonctions éventuellement de type* K . *Alors* X *est aussi un espace de Lefschetz pour les fonctions de* K*-attraction.*

<u>PREUVE</u>. Soit $f : X \to X$ une fonction de K-attraction. Par le lemme (3.4.4), il existe un ouvert $U \subset X$ tel que

(4) $$f(U) \subset U \ ;$$

(5) U absorbe les compacts de X ;

(6) $f_U : U \to U$ est une fonction éventuellement de type K .

De (6) et de l'hypothèse, on déduit que $\Lambda(f_U)$ est défini. Donc, parce que U est invariant et absorbe les compacts de X , nous obtenons, par le théorème (2.3), que $\Lambda(f)$ est aussi défini et

(7) $$\Lambda(f) = \Lambda(f_U) \ .$$

Si $\Lambda(f) \neq 0$, alors $\Lambda(f_U) \neq 0$; puisque $U \in L(K_{ev})$ et $f_U \in K_{ev}$, nous obtenons un point fixe pour f_U . Puisque f_U est une contraction de f , on déduit que f a un point fixe et la preuve est complète.

Comme conséquence immédiate de (4.1) et (4.2), nous obtenons le principal résultat de cette section:

(4.3) <u>THÉORÈME</u>. *Soit* X *un espace régulier tel que tout ouvert* $U \subset X$ *est un espace de Lefschetz pour les* K*-fonctions. Alors* X *est aussi un espace de Lefschetz pour les fonctions de* K*-attraction. En particulier,* X *est un espace de Lefschetz pour les fonctions asymptotiquement de type* K .

Chapitre 7

LES PRINCIPAUX THÉORÈMES DE POINT FIXE

Dans ce chapitre nous donnons une longue liste d'espaces de Lefschetz. Nous prouvons d'abord, dans la section 1, que les espaces qui sont h-approchable par des polyèdres sont L(compact). A partir de ceci, en combinant les techniques de plongement et d'approximation avec les propriétés générales des fonctions de Lefschetz et des espaces de Lefschetz, nous établissons pas à pas (dans les sections 2-4) tous les principaux théorèmes topologiques de point fixe.

1. Espaces de Lefschetz et approchabilité

(1.1) THÉORÈME. *Tout espace qui est h-approchable par des polyèdres est un espace de Lefschetz pour les fonctions compactes. En symboles,*

$$A_h \subset L(\text{compact}) .$$

PREUVE. Soit $X \in A_h$ et soit $f : X \to X$ une fonction compacte. Par le théorème (3.2.3), pour chaque $\alpha \in \mathrm{Cov}_X(K)$ (où K est un ensemble compact tel que $f(X) \subset K \subset X$) , il existe une fonction polyédrale $f_\alpha : X \to X$

satisfaisant

(1) $$f_\alpha \simeq f$$

(2) f_α est une α-approximation de f .

De (1), parce que f_α est une fonction polyédrale, nous déduisons que $\Lambda(f)$ est défini et que

(3) $$\Lambda(f) = \Lambda(f_\alpha) \ .$$

Si $\Lambda(f) \neq 0$, nous déduisons de (3) et de (6.3.4) (à nouveau parce que f_α est une fonction polyédrale) que f_α a un point fixe. Maintenant, puisque f est α-proche de f , il découle du lemme (4.2.2) que f possède un point fixe, et la preuve est complète.

(1.2) <u>COROLLAIRE</u>. *Les espaces suivants sont des espaces de Lefschetz pour les fonctions compactes:*

(i) *ensembles ouverts d'un espace localement convexe;*

(ii) *ensembles convexes d'un espace localement convexe;*

(iii) *sous-ensembles ouverts d'ensembles convexes d'un espace localement convexe;*

(iv) *ensembles ouverts d'un espace vectoriel topologique au sens de Klee;*

(v) *polyèdres infinis avec la* CW-*topologie.*

Le théorème (1.1) peut être généralisé comme suit:

(1.3) <u>THÉORÈME</u>. *Soit* X *un espace de Lefschetz pour les fonctions compactes métrisables. Supposons que* X *soit* h-*approchable par des espaces compacts métrisables. Alors* X *est un espace de Lefschetz, pour les fonctions compactes. En symboles,*

$$A_h(\text{c.m.}) \cap L(\text{c.m.}) \subset L(\text{compact}) \ .$$

Similairement,

$$A_h(\text{c.m.d.f.}) \cap L(\text{c.m.d.f.}) \subset L(\text{compact}) \ .$$

La preuve du théorème (1.3), étant strictement analogue à celle du théorème (1.1), est omise.

2. Théorèmes de points fixes pour les espaces ANR

(2.1) THÉORÈME. *Tout* ANR *est un espace de Lefschetz pour les fonctions compactes.*

PREUVE. Soit X un espace ANR . Par le théorème de plongement d'Arens-Eells, X est, à un homéomorphisme près, un rétract d'un ensemble ouvert d'un espace vectoriel normé E (voir l'exemple 2, chapitre 2, section 2). Puisque U est h-approchable par des polyèdres, nous savons par le théorème (1.1) que $U \in L(\text{compact})$. Puisqu'un rétract d'un espace $L(\text{compact})$ est aussi un espace $L(\text{compact})$, nous concluons que $X \in L(\text{compact})$. La preuve est complète.

(2.2) COROLLAIRE. (Théorème de point fixe de Lefschetz pour les ANR compacts). *Tout* ANR *compact est un espace de Lefschetz.*

(2.3) COROLLAIRE. *Toute variété de Fréchet paracompacte et, en particulier, toute variété de Banach est un espace de Lefschetz pour les fonctions compactes.*

Puisque tout ensemble ouvert dans un ANR est un ANR , nous déduisons de (2.1) et du théorème (6.4.3) le résultat plus général suivant:

(2.4) THÉORÈME. *Tout* ANR *est un espace de Lefschetz pour les fonctions d'attraction compacte.*

(2.5) COROLLAIRE. *Tout* ANR *acyclique et, en particulier, tout* AR *est un espace de point fixe pour les fonctions d'attraction compacte.*

(2.6) COROLLAIRE. *Tout ensemble convexe métrisable d'un espace vectoriel topologique localement convexe est un espace de point fixe pour les fonctions d'attraction compacte.*

3. Théorèmes de points fixes pour les espaces NES

NOTATION. Etant donné un espace vectoriel E et $K \subset E$, nous notons $L(K)$ l'enveloppe linéaire de K , i.e. le plus petit sous-espace vectoriel de E qui contient K .

Nous commençons par le lemme suivant:

(3.1) LEMME. *Soient* E *un espace vectoriel topologique et* K *un sous-ensemble compact de* E . *Alors* $L(K)$ *est Lindelöf.*

PREUVE. Pour chaque $m = 1,2,...$ considérons l'ensemble compact

$$X_m = \underbrace{[-m,m] \times \ldots \times [-m,m]}_{m \text{ fois}} \times \underbrace{K \times \ldots \times K}_{m \text{ fois}} ,$$

la fonction $f_m ; X_m \to E$ définie par

$$f_m((\lambda_1,\ldots,\lambda_m,x_1,\ldots,x_m)) = \sum_{i=1}^{m} \lambda_i x_i$$

et posons $K_m = f_m(X_m)$. Puisque f_m est continue, K_m est compact. Il est clair que tout élément $y = \sum_{i=1}^{n} \mu_i x_i$ $(\mu_i \in R ,\ x_i \in K)$ de $L(K)$ appartient à K_m pour un certain m ; ainsi $L(K) = \bigcup K_m$, i.e. $L(K)$ est σ-compact. L'assertion découle maintenant du fait que $L(K)$ est régulier.

(3.2) <u>LEMME</u>. *Soient* E *un espace vectoriel topologique et* T *un cube de Tychonoff contenu dans* E . *Alors* T *est un rétract de* L(T) .

<u>PREUVE</u>. $T \in ES(\text{normal})$. Donc le diagramme:

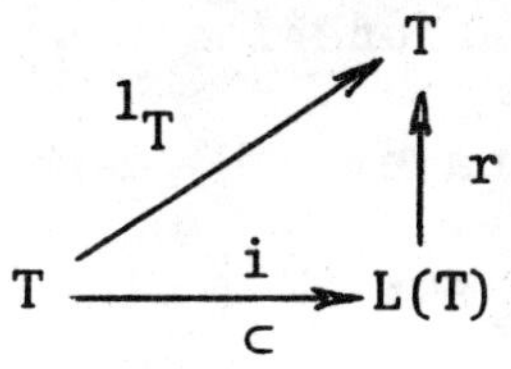

peut être complété car, d'après le lemme (3.1), L(T) est normal.

Nous pouvons énoncer notre premier résultat général:

(3.3) <u>THÉORÈME</u>. *Soit* K *l'une des classes suivantes:* (i) *compact,* (ii) *compact métrisable,* (iii) *compact métrisable de dimension finie. Alors tout espace* NES(K) *est un espace de Lefschetz pour les* K*-fonctions. En symboles,*

$$NES(K) \subset L(K) .$$

<u>PREUVE</u>. Considérons d'abord le cas $\mathcal{K}$ = compact. A cette fin, soient $X \in$ NES(compact) et $f : X \to X$ une fonction compacte; notons K un ensemble compact contenant $f(X)$. Nous plongeons K dans un cube de Tychonoff T contenu dans un espace localement convexe E . Notons $s : K \to \tilde{K}$ l'homéomorphisme de K sur $\tilde{K} \subset T$. Nous pouvons écrire maintenant le diagramme commutatif suivant:

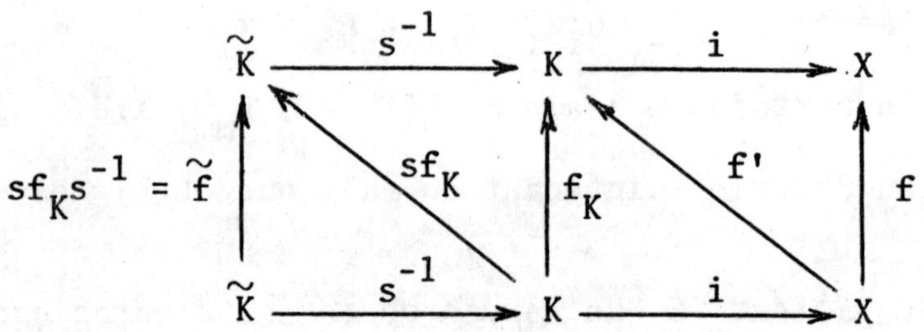

dans lequel f' et f_K sont les évidentes contractions (compactes) de la fonction f .

Ensuite, considérons la fonction $is^{-1} : \tilde{K} \to X$. Puisque $X \in$ NES(compact) il existe un ouvert U dans T contenant $\tilde{K}$ et un prolongement $h : U \to X$ de is^{-1} sur U ; ainsi, si $j : K \to U$ est l'injection canonique, nous avons: $hj = is^{-1}$.

Remarquons que le diagramme suivant commute:

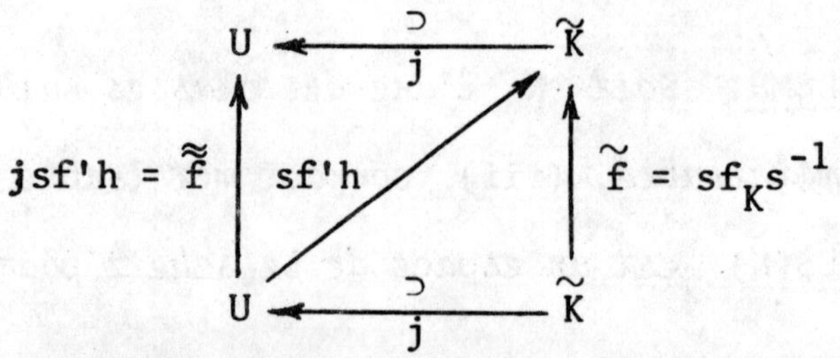

Considérons maintenant $L(T)$ dans un espace localement convexe E

qui contient T , la rétraction $r : L(T) \to T$ (qui existe d'après (2.2)) et écrivons le diagramme commutatif:

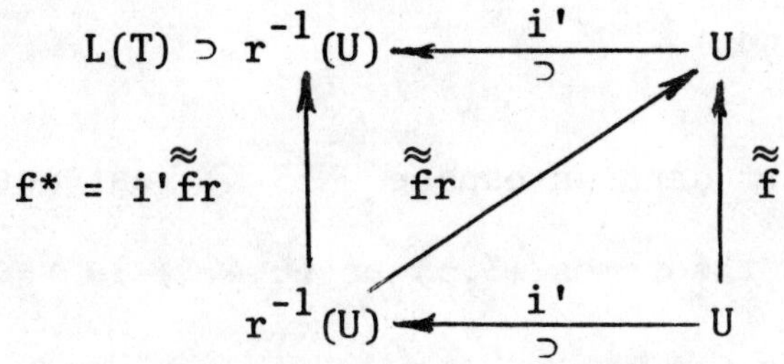

$(i' : U \hookrightarrow r^{-1}(U))$

$ri' = 1_U$

En juxtaposant les diagrammes ci-dessus, on obtient le diagramme commutatif:

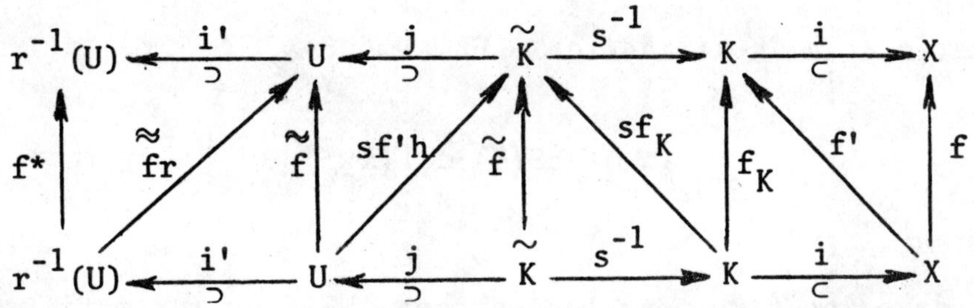

dans lequel f^* est une fonction compacte de $r^{-1}(U)$ dans lui-même, où $r^{-1}(U)$ est un ouvert de l'espace localement convexe $L(T)$. Puisque, par (1.2), $r^{-1}(U)$ est un espace *L*(compact) $\Lambda(f^*)$ est défini. Il découle maintenant du théorème (6.1.3) que toutes les flèches verticales dans le diagramme ci-dessus représentent des fonctions de Lefschetz et que

$$\Lambda(f) = \Lambda(f_K) = \Lambda(\tilde{f}) = \Lambda(f^*) .$$

Si $\Lambda(f) \neq 0$, alors $\Lambda(f^*) \neq 0$ et donc f^* a un point fixe. Il découle du lemme (4.1.2) que toute fonction représentée par une flèche verticale a un point fixe. Ainsi, en particulier, $f(x) = x$ pour un certain $x \in X$ et la preuve de notre théorème pour K = compact est complète.

La preuve du cas K = c.m. (resp. K = c.m.d.f.) est strictement analogue, sauf que nous devons remplacer la fonction $s : K \to K \subset T$ par le plongement de K dans le cube de Hilbert (resp. dans un cube euclidien de dimension suffisamment grande).

Puisque tout ouvert dans un espace NES(K) est aussi un espace NES(K) , nous obtenons des théorèmes (3.3) et (6.4.3) le résultat suivant:

(3.4) THÉORÈME. *Soit* K *l'une des classes suivantes:* (i) *compact,* (ii) *compact métrisable,* (iii) *compact métrisable de dimension finie. Soit* X *un espace* NES(K) *régulier. Alors* X *est un espace de Lefschetz pour les fonctions de* K*-attraction. En symboles,*

$$T_3 \cap \mathrm{NES}(K) \subset L(K_{at}) .$$

4. Théorèmes de point fixe pour les espaces NES approximatifs

(4.1) *Soit* K *l'une des classes suivantes:* (i) *compact;* (ii) *compact métrisable; et* (iii) *compact métrisable de dimension finie. Alors, tout espace* w-A_hNES(K) *est un espace de Lefschetz pour les* K*-fonctions. En particulier, nous avons les inclusions:*

$$\mathrm{NES}(K) \subset A_H\mathrm{NES}(K) \subset A_h\mathrm{NES}(K) \subset L(K) .$$

PREUVE. Considérons d'abord le cas K = compact. A cette fin, soit Y un espace w-A_hNES(K) et soit $f : Y \to Y$ une fonction compacte. Notons K un ensemble compact contenant f(Y) et $s : K \to \widetilde{K}$ un homéomorphisme de K sur un sous-espace $\widetilde{K}$ d'un cube Tychonoff T . Nous pouvons écrire un diagramme commutatif:

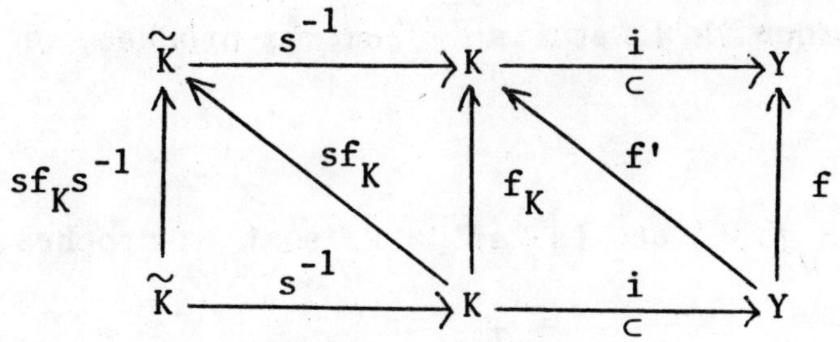

où f' et f_K sont les contractions évidentes de f . Soit $\alpha \in \mathrm{Cov}(Y)$. Considérons la fonction $is^{-1} : \tilde{K} \to Y$. Puisque, par hypothèse, Y est un espace w-ANES(compact) , pour tout $\alpha \in \mathrm{Cov}(Y)$ il existe une fonction $h_\alpha : U_\alpha \to Y$ telle que:

(1) $\quad U_\alpha$ est un ouvert dans T contenant $\tilde{K}$;

(2) $\quad h_\alpha|\tilde{K}$ et is^{-1} sont α-proches ;

(3) $\quad (h_\alpha|\tilde{K})_* = (is^{-1})_*$.

Notons $j : \tilde{K} \to U_\alpha$ l'injection canonique et considérons le diagramme commutatif suivant:

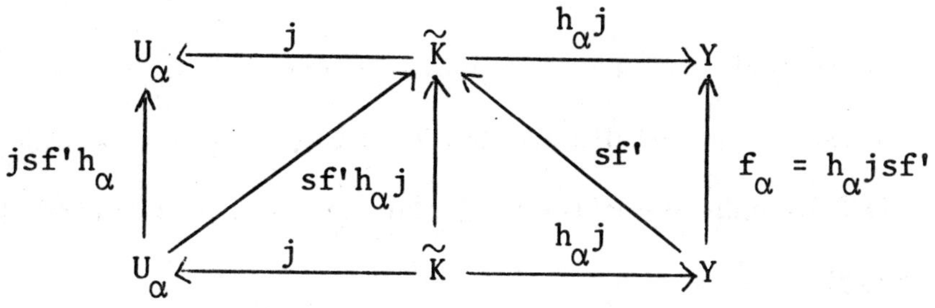

Puisque $U_\alpha \in L(\text{compact})$, on déduit, puisque $jsf'h_\alpha$ est une fonction compacte, que toutes les flèches verticales représentent des fonctions de Lefschetz et

(4) $$\Lambda(jsf'h_\alpha) = \Lambda(sf'h_\alpha j) = \Lambda(h_\alpha jsf') = \Lambda(f_\alpha) .$$

Ensuite, puisque $h_\alpha j$ et is^{-1} sont α-proches, on déduit aussi que:

(5) $$f_\alpha = h_\alpha jsf' \text{ et } is^{-1}sf' = f \text{ sont } \alpha\text{-proches.}$$

Similairement, puisque $(h_\alpha j)_* = (is^{-1})_*$, on déduit que

$$(f_\alpha)_* = (h_\alpha jsf')_* = (is^{-1})_*(sf')_* = (is^{-1}sf')_* = f_* \ .$$

En conséquence, f est une fonction de Lefschetz et

(6) $$\Lambda(f) = \Lambda(f_\alpha) \ .$$

Supposons que $\Lambda(f) \neq 0$; alors, en tenant compte de (6) et (4), on déduit que $\Lambda(jsf'h_\alpha) \neq 0$ et donc (d'après le théorème (3.3) $U_\alpha \in L$(compact)) la fonction $jsf'h_\alpha$ a un point fixe. Nous avons prouvé que, étant donné $\alpha \in Cov(Y)$, il existe une α-approximation, f_α de f avec un point fixe. En conséquence, par le lemme (4.1.2), f a un point fixe et la preuve pour K = compact est complète.

La preuve pour le cas K = c.m. (resp. K = c.m.d.f.) est similaire, sauf que nous devons remplacer la fonction $s : K \to \tilde{K} \subset T$ par le plongement de K dans le cube de Hilbert (resp. un cube euclidien de dimension suffisamment grande).

Puisque tout ouvert dans un espace $A_H NES(K)$ est aussi un tel espace, nous obtenons des théorèmes (4.3) et (6.4.3) le théorème général suivant:

(4.2) THÉORÈME. *Soit* K *l'une des classes suivantes:* (i) *compact;* (ii) *compact métrisable;* (iii) *compact métrisable de dimension finie. Tout espace* $A_H NES(K)$ *régulier est un espace de Lefschetz pour les fonctions de* K*-attraction. En symboles,*

$$T_3 \cap A_H NES(K) \subset L(K_{at}) .$$

(4.3) COROLLAIRE. *Les espaces suivants sont de Lefschetz pour les fonctions d'attraction compacte:*

(i) *ensembles ouverts dans un e.v.t. localement convexe;*

(ii) *espaces* ANR(Tychonoff) *;*

(iii) CW-*complexes et, en particulier, polyèdres infinis avec la* CW-*topologie;*

(iv) *variétés régulières munies d'une topologie localement convexe.*

(4.4) COROLLAIRE. *Les espaces suivants sont des espaces de point fixe pour les fonctions d'attraction compacte:*

(i) *ensembles ouverts acycliques dans un e.v.t. localement convexe;*

(ii) CW-*complexes acycliques;*

(iii) *ensembles convexes dans un e.v.t. localement convexe;*

(iv) *espaces* ANR(Tychonoff) *acycliques.*

(4.5) COROLLAIRE. *Tout sous-ensemble convexe d'un espace vectoriel topologique a la propriété de point fixe pour les fonctions de* K*-attraction où* K = *compact métrique de dimension finie.*

Chapitre 8

AUTRES GÉNÉRALISATIONS DU THÉORÈME DE POINT FIXE DE LEFSCHETZ

Nous allons donner maintenant d'autres généralisations du théorème de point fixe de Lefschetz.

1. Théorèmes de point fixe pour les espaces LC^n

Un espace X est *localement n-connexe* si pour tout point $x \in X$ et tout voisinage U de x il existe un voisinage V de x tel que toute fonction $f : S^k \to V$, $k \geq n$, soit homotope à une fonction constante dans U.

La classe des espaces localement n-connexes est notée LC^n et nous posons $LC^\infty = \bigcap_{n\geq 0} LC^n$. Nous notons LC la classe des espaces localement contractibles. Il est clair que $LC \subset LC^\infty$.

Dans cette section nous allons utiliser de façon essentielle les deux résultats suivants:

(1.1) (Kuratowski-Dugundji). *Pour un espace métrique Y les conditions suivantes sont équivalentes:*

(i) $Y \in LC^n$;

(ii) *si* A *est fermé dans un espace métrique* X *et* $\dim(X-A) \leq n+1$, *alors pour chaque* $f_o : A \to Y$ *il existe* $f : U \to Y$ *qui prolonge* f_o *à un voisinage* U *de* A *dans* X .

(1.2) (<u>Théorème de plongement de Bothe</u>). *Pour tout* $n = 1,2,\ldots$ *il existe un rétract absolu compact de dimension* $\leq (n+1)$ *qui est universel pour tous les espaces métriques séparables de dimension* $\leq n$.

Nous pouvons énoncer maintenant le premier résultat de point fixe pour les espaces LC^n .

(1.3) <u>THÉORÈME</u>. *Tout espace* LC^n *métrique est un espace de Lefschetz pour les fonctions compactes de dimension* n .

<u>PREUVE</u>. Soit $Y \in LC^n$ et soit $f : Y \to Y$ une fonction telle que $f(Y) \subset K$, où K est un compact avec $\dim K \leq n$. Par le théorème (1.2), nous pouvons plonger K dans un compact $X \in AR$ avec $\dim X \leq n+1$. Notons $s : K \to \hat{K}$ l'homéomorphisme de K sur $\hat{K} \subset X$. Considérons ensuite la fonction $is^{-1} : \hat{K} \to Y$ où $i : K \to Y$ est l'injection canonique. Puisque $Y \in LC^n$ et $\dim(X-\hat{K}) \leq n+1$, il existe, par le théorème (1.1), un ensemble ouvert $U \subset X$ (donc $U \in ANR$) contenant $\hat{K}$ et un prolongement $h : U \to Y$ de is^{-1} à U ; ainsi, si $j : \hat{K} \to U$ est l'injection canonique, nous avons $hj = is^{-1}$.

Nous pouvons écrire maintenant le diagramme commutatif suivant:

$jsf'h = f^*$

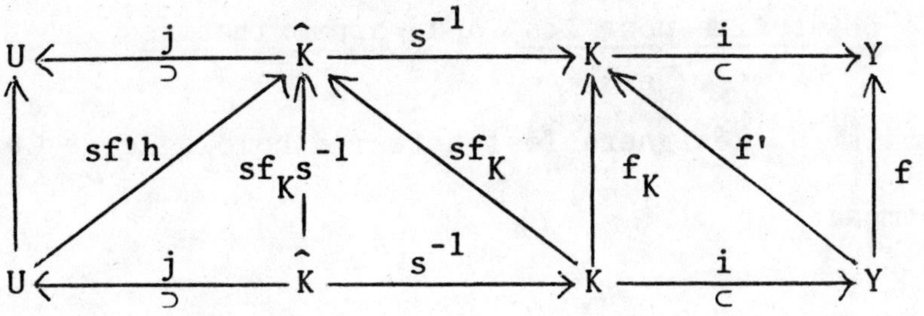

dans lequel f' , f_K sont les contractions évidentes de f et f^* est une fonction compacte de l'espace $U \in$ ANR . On déduit maintenant du théorème (6.1.3) que toutes les flèches verticales dans le diagramme ci-dessus représentent des fonctions de Lefschetz et $\Lambda f^* = \Lambda f$. Si $\Lambda f \neq 0$, alors $\Lambda f^* \neq 0$ et donc (parce que $U \in L$(compact)) f^* a un point fixe. On déduit alors du lemme (4.1.2) que toute flèche verticale a un point fixe. Ainsi, en particulier, $f(x) = x$ pour un certain x et la preuve est complète.

Puisque tout ouvert dans un espace LC^n est évidemment aussi un espace LC^n nous obtenons des théorèmes (1.3) et (6.4.3) le résultat suivant.

(1.4) THÉORÈME. *Tout espace* LC^n *métrique est un espace de Lefschetz pour les fonctions de* K*-attraction, où* K = *compact de dimension* n.

REMARQUE 1. Pour des fonctions compactes de dimension $n + 1$, $f : Y \to Y$, $Y \in LC^n$, le nombre de Lefschetz Λf peut ne pas être défini.

REMARQUE 2. Si $Y \in LC^n$ et $\dim Y \leq n$, alors $Y \in$ ANR . Dans ce cas, les fonctions compactes de dimension n sont précisément les fonctions compactes, et alors le théorème (1.4) coïncide avec le théorème (7.2.1).

(1.5) COROLLAIRE. *Tout espace* LC^∞ *métrique est un espace de Lefschetz pour les fonctions compactes de dimension finie.*

2. Théorèmes de point fixe pour les ANR approximatifs

Désormais H désignera le foncteur d'homologie de Čech-Vietoris avec support compact.

Soit (X,A) une paire d'espaces métriques et ε un nombre positif. Une fonction $r_\varepsilon : X \to A$ est une *ε-rétraction* si $d(r_\varepsilon(a),a) < \varepsilon$ pour tout $a \in A$. Un sous-espace $A \subset X$ est un *rétract approximatif* de X si pour tout $\varepsilon > 0$ il existe une ε-rétraction $r_\varepsilon : X \to A$.

(2.1) *Supposons qu'un compact* A *soit un rétract approximatif d'un espace* X. *Alors la fonction* $i_* : H(A) \to H(X)$ *induite par l'injection canonique* $i : A \to X$ *est un monomorphisme.*

DÉFINITION. Un *compactum* X est un ANR *approximatif* (resp. un AR approximatif) si pour chaque plongement $h : X \to Y$, Y étant un espace métrique, l'ensemble $h(X)$ est un rétract approximatif d'un ouvert U dans Y (resp. un rétract approximatif de Y).

Bien que non nécessairement localement connexe, les ANR approximatifs possèdent beaucoup des propriétés familières des espaces ANR compacts. En particulier:

(2.2) *Tout* ANR *approximatif est de type fini.*

La propriété suivante des ANR approximatifs est importante.

(2.3) *Soit* $f : X \to Y$ *une fonction à valeurs dans un* ANR *approximatif. Il existe* $\varepsilon > 0$ *tel que pour chaque* $g : X \to Y$ *la condition*

$$d(f(x),g(x)) < \varepsilon \quad \textit{pour tout} \quad x \in X$$

implique que $f_* = g_*$.

PREUVE. Nous pouvons supposer sans perte de généralité que Y est contenu dans un espace de Banach E , et donc il existe un ouvert $U \subset E$ tel que $Y \subset U$ soit un rétract approximatif de U . Soit $\varepsilon > 0$ un nombre plus petit que la distance $\text{dist}(Y,\delta U)$ du compact Y à la frontière δU de U dans E . Soit $g : X \to Y$ une fonction telle que

$$(*) \qquad \|g(x) - f(x)\| < \varepsilon \quad \text{pour tout} \quad x \in X .$$

Notons $j : Y \to U$ l'injection canonique et posons $f' = jf$, $g' = jg$. De (*) et de la définition de ε , nous déduisons que pour chaque $x \in X$ l'intervalle $tf'(x) + (1-t)g'(x)$, où $0 \leq t \leq 1$, est entièrement contenu dans U . Ceci implique que f' et g' sont homotopes. En conséquence, $f'_* = g'_*$, i.e. $j_*f_* = j_*g_*$. Puisque j_* est, par (1.1), un monomorphisme nous obtenons: $f_* = g_*$.

(2.4) THÉORÈME. *Soit* X *un* ANR *approximatif et soit* $f : X \to X$. *Alors* $\lambda(f) \neq 0$ *implique que* f *a un point fixe.*

PREUVE. Nous pouvons supposer, sans perte de généralité, que X est un rétract approximatif d'un ouvert U contenu dans un espace de Banach E . Pour chaque $n = 1,2,\ldots$, soit $r_n : U \to X$ une $\frac{1}{n}$-rétraction de U dans X . Nous avons

$$(1) \qquad \|x - r_n(x)\| < \frac{1}{n} \quad \text{pour tout} \quad x \in X .$$

Soit $j : X \to U$ l'injection canonique et définissons pour chaque $n = 1,2,\ldots$, une fonction $g_n : U \to U$ en posant

(2) $$g_n = jfr_n \ .$$

Considérons maintenant pour chaque n le diagramme

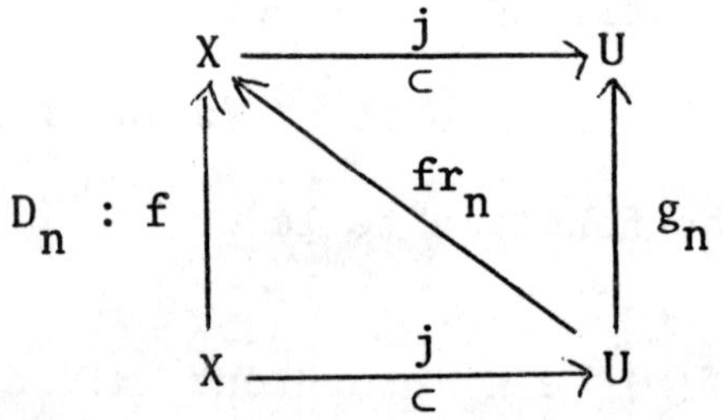

et son image sous le foncteur H dans la catégorie des espaces vectoriels gradués

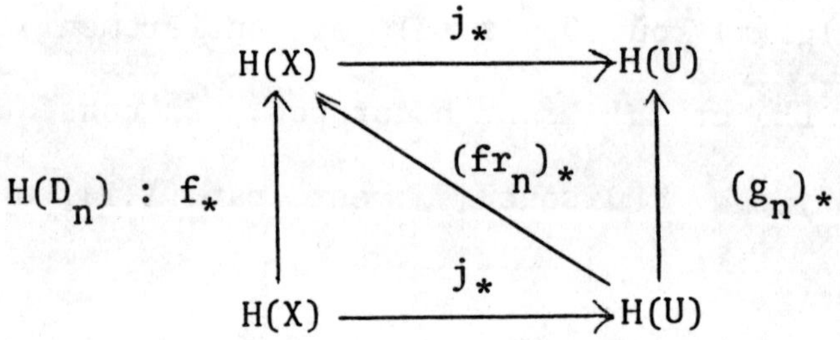

D'après (2), nous avons

(3) $$(g_n)_* = (j)_*(fr_n)_* \quad \text{pour tout} \quad n \ .$$

D'après (1), l'application identique $1 : X \to X$ est la limite uniforme de la suite $\{r_n j\}$ des fonctions $r_n j : X \to X$. En appliquant à la fonction $1 : X \to X$ la proposition (1.3), nous concluons qu'il existe un entier n_o tel que $1_* = (r_n j)_*$ pour tout $n \geq n_o$. Ceci implique $f_* = (fr_n)_* \circ j_*$ pour $n \geq n_o$, et donc, d'après le diagramme $H(D_n)$ commute pour $n \geq n_o$.

En conséquence, nous avons:

$$(4) \qquad \Lambda(f) = \Lambda(g_n) \quad \text{pour} \quad n \geq n_o .$$

Supposons maintenant que $\lambda(f) \neq 0$. Nous devons prouver que f a un point fixe. D'après (2) et (4), chaque $g_n : U \to U$ est une fonction compacte telle que $\Lambda(g_n) \neq 0$ pour $n \geq n_o$.

Puisque $U \in L(\text{compact})$, nous pouvons trouver une suite de points $\{x_n\}$ dans X telle que

$$(5) \qquad g_n(x_n) = x_n \quad \text{pour} \quad n \geq n_o .$$

Soit $\{x_{k_n}\}$ une sous-suite de $\{x_n\}$ telle que

$$(6) \qquad \lim_{n\to\infty} x_{k_n} = x .$$

D'après (1) nous avons:

$$(7) \qquad d(x_{k_n}, r_{k_n}(x_{k_n})) \leq \frac{1}{k_n}$$

et donc, d'après (6),

$$(8) \qquad \lim_{n\to\infty} r_{k_n}(x_{k_n}) = x .$$

Par continuité de f , nous avons de (8)

$$(9) \qquad \lim_{n\to\infty} f(r_{k_n}(x_{k_n})) = f(x) .$$

D'après (5) et (2), $x_{k_n} = g_{k_n}(x_{k_n}) = f(r_{k_n}(x_{k_n}))$ et alors, d'après (6), nous avons

(10) $$\lim_{n\to\infty} f(r_{k_n}(x_{k_n})) = x \ .$$

En comparant (9) et (10), nous concluons que $x = f(x)$ et la preuve est complète.

(2.5) COROLLAIRE. *Les* ANR *approximatifs acycliques, et en particulier les* AR *approximatifs, ont la propriété du point fixe.*

3. Théorèmes de point fixe pour des paires d'espaces

Les résultats de cette section sont basés sur la version "relative" du théorème de point fixe de Hopf-Lefschetz:

(3.1) THÉORÈME. *Soit* (X,A) *une paire de polyèdres et soit* $f : (X,A) \to (X,A)$ *une fonction. Si* $\Lambda(f) \neq 0$, *alors* f *a un point fixe dans* $X-A$.

La preuve de (3.1) est omise.

(3.2) THÉORÈME. *Soient* (U,V) *une paire de sous-ensembles ouverts d'un espace normé* E *et* $f : (U,V) \to (U,V)$ *une fonction compacte. Alors* f *est une fonction de Lefschetz et* $\Lambda f \neq 0$ *implique que* f *a un point fixe dans* $U-V$.

PREUVE. Il est clair, d'après (6.1.4), que f est de Lefschetz. Ensuite nous "appliquons" le théorème d'approximation pour $\varepsilon = \frac{1}{n}$ $(n = 1,2,\ldots)$ et trouvons une suite de paires de polyèdres finis (K_n,L_n) et une suite $\{f_n\}$ de fonctions $f_n : (U,V) \to (U,V)$ telles que $(K_n,L_n) \subset (U,V)$ pour tout $n > N$ et

(i) $\|f(x) - f_n(x)\| < \frac{1}{n}$ pour tout $x \in U$ et $n > N$,

(ii) $f_n(U,V) \subset (K_n,L_n)$ pour tout $n > N$,

(iii) $f \simeq f_n$ pour tout $n > N$.

Soit $\Lambda(f) \neq 0$. Alors, en utilisant le théorème (3.1), nous obtenons une suite de points $\{x_n\}$ telle que pour presque tout n

$$f_n(x_n) = x_n \quad \text{et} \quad x_n \in K_n - L_n .$$

Ceci implique, d'après (i), que

$$\|f(x_n) - x_n\| \to 0 \quad \text{et} \quad \text{dist}\,(x_n, U-V) \to 0$$

et donc, vu la compacité de la fonction f , l'existence d'un point fixe pour f dans $U-V$.

(3.3) *Soit* (X,A) *une paire d'* ANR *avec* A *ouvert dans* X *et soit* $f : (X,A) \to (X,A)$ *une fonction compacte. Alors* f *est une fonction de Lefschetz et* $\Lambda(f) \neq 0$ *implique que* f *a un point fixe dans* $X-A$.

PREUVE. Par le même argument que dans le cas absolu, ceci découle de (3.2) et (3.1).

(3.4) *Soit* (X,A) *une paire d'* ANR *avec* A *fermé dans* X *et soit* $f : (X,A) \to (X,A)$ *une fonction compacte. Alors* f *est une fonction de Lefschetz et* $\Lambda(f) \neq 0$ *implique que* f *a un point fixe dans* $\overline{X-A}$.

PREUVE. Vu la compacité de la fonction f , il suffit de montrer que pour chaque $\varepsilon > 0$ il existe un point $x_o \in X-A$ tel que $d(f(x_o),x_o) < \varepsilon$. Soit $\varepsilon > 0$ fixé.

Par le théorème d'Arens-Eells nous pouvons supposer que X est un sous-ensemble d'un espace normé E. Prenons une rétraction $r : U \to X$ d'un ouvert $U \subset E$ sur X. Nous pouvons supposer (en rendant U plus petit si nécessaire) que

(1) $$\|r(x) - x\| < \frac{\varepsilon}{2} \text{ pour tout } x \in U .$$

Soit $B = r^{-1}(A)$; il est clair que pour les paires de fonctions

$$i : (X,A) \to (U,B) \quad \text{et} \quad r : (U,B) \to (X,A) ,$$

nous avons $r \circ i = 1_{(X,A)}$. Nous définissons une fonction compacte $g : (U,B) \to (U,B)$ en posant

(2) $$g = i \circ f \circ r .$$

Soit alors

(3) $$\delta = \frac{1}{2} \min (\varepsilon, \delta_1) \text{ où } \delta_1 = \text{dist } (\overline{g(U)}, E-U) > 0 .$$

Nous montrons maintenant qu'il existe un ouvert $V \subset E$ et une fonction continue $g_1 : (U,B) \to (U,B)$ tels que les quatre propriétés suivantes soient satisfaites:

(i) g_1 est compacte;

(ii) $g_1(V) \subset B \subset V$;

(iii) $\|g_1(x) - g(x)\| < \delta$ pour tout $x \in U$;

(iv) g_1 est homotope à g .

A cette fin, nous définissons quatre ouverts U_o , U_1 , U_2 et V satisfaisant

(4) $$B \subset V \subset \overline{V} \subset U_2 \subset \overline{U_2} \subset U_1 \subset U_o \subset U$$

comme suit: puisque B est fermé dans U et que A est ANR , il existe un prolongement $\tilde{r}_B : U_o \to A$ de $r_B : B \to A$ à un ouvert $U_o \subset U$; ainsi U_o est défini.

Ensuite, avant de définir U_1 , soit $\tilde{g} : U_o \to A$ donnée par

(5) $$\tilde{g} = f_A \circ r_B \ ;$$

il est clair que $\tilde{g}$ est compacte et

(6) $$\tilde{g}(x) = g(x) \in A \quad \text{pour tout} \quad x \in B \ .$$

Maintenant, nous posons

(7) $$U_1 = \{x \in U_o \ ; \ \|g(x) - \tilde{g}(x)\| < \delta\} \ .$$

Finalement, nous définissons U_2 et V arbitrairement.

Maintenant, soit $\lambda : U \to [0,1]$ une fonction numérique telle que

(8) $$\lambda(x) = 0 \quad \text{pour} \quad x \in U\text{-}U_2 \quad \text{et} \quad \lambda(x) = 1 \quad \text{pour} \quad x \in \overline{V} \ .$$

Nous définissons la fonction g_1 sur U comme suit:

(9) $$g_1(x) = \begin{cases} g(x) \quad \text{pour} \quad x \in U\text{-}U_2 \\ \\ g(x) + \lambda(x)(\tilde{g}(x) - g(x)) \quad \text{pour} \quad x \in U_1 \ . \end{cases}$$

De (4) et (8), on déduit que g_1 est bien définie et continue. De plus, il n'est pas difficile de vérifier que $g_1 : (U,B) \to (U,B)$ et que les conditions (i) - (iv) sont satisfaites.

Les diverses connexions entre les fonctions pertinentes peuvent être tracées maintenant dans les deux diagrammes suivants:

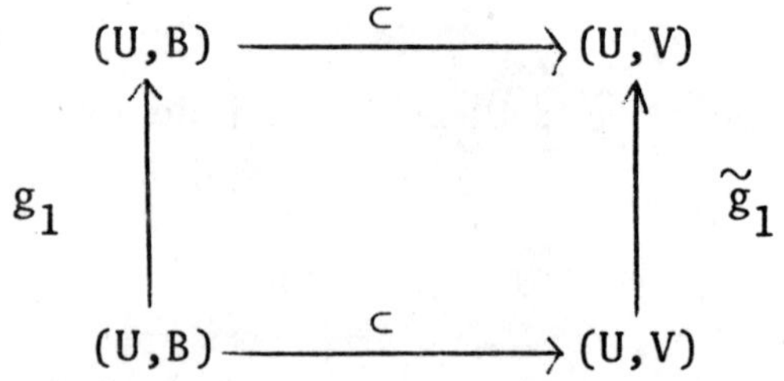

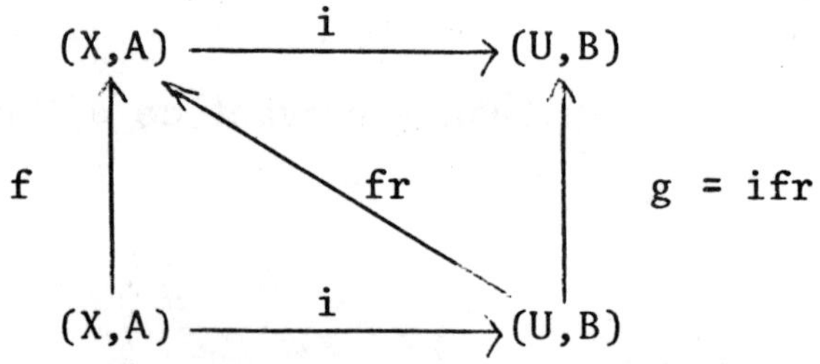

Puisque g_1 est une fonction de Lefschetz et $g_1 \simeq g$, nous concluons que

$$\Lambda(f) = \Lambda(g) = \Lambda(g_1) = \Lambda(\tilde{g}_1) \ .$$

Si $\Lambda(f) \neq 0$, alors par (3.2) il existe un point fixe pour $\tilde{g}_i$. Plus précisément, nous avons

$$\tilde{g}_1(y_o) = g_1(y_o) = y_o \quad \text{pour un certain} \quad y_o \in U\text{-}V \ .$$

Posons $\tilde{x}_o = r(y_o)$; il est clair que x_o n'appartient pas à A (car $r^{-1}(A) = B$) . De plus, d'après (1), (2), (iii) et (3), nous avons

$$\|x_o - y_o\| = \|r(y_o) - y_o\| < \varepsilon/2$$

$$\|y_o - f(x_o)\| = \|g_1(y_o) - fr(y_o)\| = \|g_1(y_o) - g(y_o)\| < \frac{\varepsilon}{2}$$

et en conséquence

$$\|f(x_o) - x_o\| < \varepsilon \quad \text{avec} \quad x_o \in X\text{-}A \ .$$

La preuve est complète.

La discussion précédente est résumée dans le théorème suivant:

(3.5) THÉORÈME. *Soit* (X,A) *une paire d'* ANR *telle que* A *soit ou bien fermé, ou bien ouvert dans* X *et supposons que* $f : (X,A) \to (X,A)$ *soit une fonction compacte. Alors:*

(i) f *est une fonction de Lefschetz;*

(ii) $\Lambda(f) = \Lambda(f_X) - \Lambda(f_A)$;

(iii) $\Lambda(f) \neq 0$ *implique que* f *a un point fixe dans* $\overline{X-A}$.

4. Quelques applications du foncteur de Mayer-Vietoris

NOTATION. Soient $\{A_i\}$ une famille finie d'ensembles $(i = 1,\dots,n)$ et

$$f : \bigcup_{i=1}^{n} A_i \to \bigcup_{i=1}^{n} A_i$$

une fonction satisfaisant $f(A_i) \subset A_i$ pour tout $i = 1,2,\dots,n$. Etant donné un multi-indice

$$j = (j_1,j_2,\dots,j_k) , \qquad j_1 < j_2 < \dots < j_k \quad \text{avec} \quad |j| = k \le n$$

nous posons

$$A_j = A_{j_1} \cap A_{j_2} \cap \dots \cap A_{j_k}$$

et notons

$$f_j : A_j \to A_j$$

la contraction correspondante. Par $M\{A_i\}$ nous désignons le plus petit treillis d'ensembles contenant tous les membres de la famille $\{A_i\}$ et par $N(\{A_i\})$ le nerf de la famille $\{A_i\}$.

DÉFINITION. Une paire ordonnée d'espaces $\{X_1,X_2\}$ est appelée un *couple excisif* si la fonction d'excision $(X_1,X_1 \cap X_2) \to (X_1 \cup X_2,X_2)$ induit un isomorphisme des groupes d'homologie correspondants. Plus généralement, une famille d'espaces $\{A_i\}$ $(i = 1,2,\ldots,n)$ est *excisive* si pour tous membres X_1 et X_2 du treillis $M\{A_i\}$ le couple $\{X_1,X_2\}$ est excisif.

Il est clair que nous avons la catégorie des couples excisifs et sur cette catégorie on définit le foncteur de Mayer-Vietoris qui assigne au couple excisif $\{X_1,X_2\}$ la suite exacte de Mayer-Vietoris

$$\ldots \to H_q(X_1 \cap X_2) \to H_q(X_1) \oplus H_q(X_2) \to H_q(X_1 \cup X_2) \to H_{q-1}(X_1 \cap X_2) \to \ldots$$

et au morphisme $f : \{X_1,X_2\} \to \{Y_1,Y_2\}$ la fonction des suites exactes correspondantes.

(4.1) *Soit* A_i *fermé dans un espace métrique* X *pour* $i = 1,2,\ldots,n$, *et supposons que pour tout multi-indice* j *l'ensemble* A_j *soit un* ANR . *Alors* (i) *tout membre* X *du treillis* $M(A_i)$ *est un* ANR *et* (ii) $\{A_i\}$ *est une famille excisive d'espaces.*

(4.2) *Supposons que* $A = \bigcup_{i=1}^{n} A_i$ *où* $\{A_i\}$ *est une famille excisive. Soit* $f : A \to A$ *une fonction continue telle que* $f(A_i) \subset A_i$ *pour tout* $i = 1,2,\ldots,n$. *Si, pour tout multi-indice* j , $f_j : A_j \to A_j$ *est une fonction de Lefschetz, alors il en est de même de* f *et nous avons*

$$\Lambda(f) = \sum_j (-1)^{|j|+1} \Lambda(f_j) .$$

PREUVE. Nous indiquons l'induction en considérant le cas $n = 2$. Nous avons la fonction de la suite exacte de Mayer-Vietoris dans elle-même induite par f, i.e. le diagramme commutatif avec lignes exactes suivant:

$$\begin{array}{ccccccccc}
\to & H_q(A_1 \cap A_2) & \to & H_q(A_1) \oplus H_q(A_2) & \to & H_q(A_1 \cup A_2) & \to & H_{q-1}(A_1 \cap A_2) & \to \\
& \downarrow f_{(1,2)_q} & & \downarrow f_{1_q} + f_{2_q} & & \downarrow f_q & & \downarrow f_{(1,2)_{q-1}} & \\
\to & H_q(A_1 \cap A_2) & \to & H_q(A_1) \oplus H_q(A_2) & \to & H_q(A_1 \cup A_2) & \to & H_{q-1}(A_1 \cap A_2) & \to
\end{array}$$

Par (5.4.4) $\{f_q\}$ est un endomorphisme de Leray et

$$\begin{aligned}
\Lambda(f) = \Lambda(\{f_q\}) &= \Lambda(\{f_{1_q} + f_{2_q}\}) - \Lambda(\{f_{(1,2)_q}\}) \\
&= \Lambda(\{f_{1_q}\}) + \Lambda(\{f_{2_q}\}) - \Lambda(\{f_{(1,2)_q}\}) \\
&= \Lambda(f_1) + \Lambda(f_2) - \Lambda(f_{(1,2)}) .
\end{aligned}$$

(4.3) THÉORÈME. *Soient* X *un* ANR, $\{A_i\}_{i=1}^n$ *une famille d'* ANR *telle que tout* $A_i \subset X$ *soit ouvert ou fermé dans* X. *Supposons de plus que* $A = \bigcup_{i=1}^n A_i$ *et que* $f : (X,A) \to (X,A)$ *soit une fonction compacte satisfaisant* $f(A_i) \subset A_i$ $(i = 1,2,\ldots,n)$. *Alors*

(i) $\Lambda(f) = \Lambda(f_X) - \sum_j (-1)^{|j|+1} \Lambda(f_j)$;

(ii) *en particulier, si chaque* A_j *est soit vide soit acyclique* $\Lambda(f) = \Lambda(f_X) - \chi(N(\{A_i\}))$;

(iii) $\Lambda(f) \neq 0$ *implique que* f *a un point fixe dans* $\overline{X-A}$.

PREUVE. (i) découle de (4.1), (4.2) et le fait que toute famille finie d'ouverts est excisive; (ii) découle de la formule d'Euler-Poincaré, puisque $\Lambda(f_j) = 1$ pour tout j ; (iii) est simplement le théorème (3.5).

(4.4) <u>COROLLAIRE</u>. *Soient* X *un espace* AR *et* $A = \bigcup_{i=1}^{n} A_i$ $(n \geq 2)$ *une réunion disjointe d'espaces* AR *qui sont soit tous ouverts soit tous fermés. Supposons de plus que* $f : (X,A) \to (X,A)$ *soit une fonction continue possédant les propriétés* (a) $f(A_i) \subset A_i$ *et* (b) $f_X : X \to X$ *et toutes les fonctions* $f_i : A_i \to A_i$ *sont compactes. Alors* f *a un point fixe dans* $\overline{X-A}$.

<u>PREUVE</u>. Il est clair que f est compacte, que $\Lambda(f_X) = 1$ et que $\chi(N\{A_i\}) = n$. Donc par le théorème (4.3), $\Lambda(f) = 1 - n \neq 0$ et notre assertion est démontrée.

(4.5) <u>COROLLAIRE</u>. *Soit* X *un espace* AR *compact et soit* U *la réunion de* n *ouverts* $U_1, U_2, \ldots, U_n$ *vérifiant* (i) $\overline{U_i} \cap \overline{U_j} \neq \emptyset$; (ii) *tout* $\overline{U_i}$ *est un espace* AR ; (iii) $n \geq 2$. *Supposons de plus que* $f : X - U \to X$ *soit une fonction satisfaisant* $f(U_i) \subset \overline{U_i}$ *pour tout* $i = 1,2,\ldots,n$. *Alors* f *a un point fixe.*

<u>PREUVE</u>. Posons

$$A = \bigcup_{i=1}^{n} \overline{U_i} .$$

Il découle des hypothèses qu'il existe une fonction $g : (X,A) \to (X,A)$ telle que $g(x) = f(x)$ pour tout $x \in X - U$. Nous avons clairement $\Lambda(g) = 1 - n \neq \emptyset$ et donc $g(x) = x$ pour un certain $x \in X - A = X - U$. En conséquence $f(x) = g(x) = x$.

5. Points fixes communs

Soient X un espace et $F_X = \{f\}$ une famille de fonctions $f : X \to X$; disons que F_X est *divisible* si pour tout $f_1, f_2 \in F_X$ il existe $h \in F_X$ et des entiers n_1 et n_2 tels que

$$f_1 = h^{n_1} \quad \text{et} \quad f_2 = h^{n_2} .$$

(5.1) LEMME. *Supposons que* $F_X = \{f\}$ *soit une famille divisible telle que pour tout* $f \in F_X$ *l'ensemble des points fixes* $\kappa(f) = \{x \in X \; ; \; f(x) = x\}$ *soit non vide et compact. Alors*

$$\bigcap_{f \in F_X} \kappa(f) \neq \emptyset .$$

PREUVE. Soient $f_1, f_2, \ldots, f_k \in F_X$; il existe $h \in F_X$ et des entiers $n_1, \ldots, n_k$ tels que

$$f_1 = h^{n_1} , \; f_2 = h^{n_2} , \; \ldots , \; f_k = h^{n_k} .$$

En conséquence, $\kappa(h) \subset \kappa(f_i) = \kappa(h^{n_i})$ pour $i = 1,2,\ldots,k$ et donc l'intersection

$$\kappa(f_1) \cap \kappa(f_2) \cap \ldots \cap \kappa(f_k)$$

est non vide. Ceci montre que la famille $\{\kappa(f)\}_{f \in F_X}$ est une famille *centrée* de compacts et notre assertion en découle.

(5.2) DÉFINITION. Soient X un espace et $\{f_t\}$ $(t \geq 0)$ une famille continue de fonctions $f_t : X \to X$, dépendant du paramètre $t \in R^+$; $\{f_t\}$ est appelée un *semi-flux* d'applications sur X si

(i) $f_{t_1+t_2} = f_{t_1} \circ f_{t_2}$ pour tout $t_1, t_2 \in R^+$;

(ii) $f_o = 1_X$.

Si pour un point $x \in X$, $f_t(x) = x$ pour tout $t \geq 0$, alors on dit que x est un point fixe du semi-flux $\{f_t\}$.

Notons l'évidente proposition suivante:

(5.3) *Soit* $f_t : X \to X$, $t \in R^+$, *un semi-flux. Alors* (i) f_{t_1} *est homotope à* f_{t_2} *pour tout* $t_1, t_2 \in R^+$; (ii) *la famille* $\{f_t\}$ *indicée par les rationnels positifs, est divisible.*

(5.4) <u>THÉORÈME</u>. *Soit* X *un espace de Lefschetz pour les fonctions compactes tel que la caractéristique d'Euler-Poincaré* $\chi(X)$ *de* X *soit finie et non nulle. Soit* $f_t : X \to X$, $t \geq 0$, *un semi-flux sur* X *tel que* f_t *soit compacte pour tout* $t > 0$. *Alors* $\{f_t\}$ *a un point fixe.*

<u>PREUVE</u>. Il est clair que $\Lambda(f_t) = \chi(X) \neq 0$ pour tout $t \geq 0$ et donc notre assertion se déduit de (5.1), (5.3) et du fait que $X \in L(\text{compact})$.

Chapitre 9

LES SÉRIES ENTIÈRES DE LEFSCHETZ ET L'EXISTENCE DE POINTS PÉRIODIQUES

Dans ce chapitre nous donnons quelques applications de la trace de Leray à la théorie des points périodiques. Les résultats correspondants sont exprimés en termes de la caractéristique d'Euler-Poincaré $\chi(f)$ et des séries entières de Lefschetz $L(f)$ d'une fonction f.

1. Préliminaires algébriques

Pour un corps K nous notons $K\{x\}$ l'anneau d'intégrité constitué de toutes les séries entières formelles

$$s = a_o + a_1 + a_2x^2 + \ldots = \sum_{n=0}^{\infty} a_n x^n$$

où les coefficients $a_n \in K$; $K\{x\}$ contient l'anneau de polynômes $K[x]$, le corps K et $1 \in K$. Soit $d : K\{x\} \to K\{x\}$ la dérivation ordinaire dans $K\{x\}$; pour un élément inversible $s \in K\{x\}$ nous définissons la *dérivée logarithmique* $D(s)$ de s par

$$D(s) = s^{-1}d(s) .$$

Pour une série entière de la forme $s = uv^{-1}$ où

$$u = \sum_{n=0}^{k-1} a_n x^n , \qquad v = \sum_{n=0}^{k} b_n x^n \quad \text{et} \quad b_o, b_k \neq 0$$

nous définissons le conjugué s^* de s en posant

$$s^* = \left(\sum_{n=0}^{k-1} a_n x^{k-1-n} \right) \left(\sum_{n=0}^{k} b_n x^{k-n} \right)^{-1} .$$

Notons les propriétés élémentaires suivantes:

(1.1) *Une série entière* $s = \sum_{n=0}^{\infty} a_n x^n \in K\{x\}$ *est inversible si et seulement si* $a_o \neq 0$. *Pour un élément* $s = 1 - \lambda x$ *nous avons*

$$(1-\lambda x)^{-1} = \sum_{n=0}^{\infty} \lambda^n x^n .$$

(1.2) *Supposons que* $s = \sum_{n=0}^{\infty} a_n x^n \in K\{x\}$ *soit de la forme* $s = uv^{-1}$, *où* $u,v \in K[x]$, $u \neq 0$ *et* $\deg u < \deg v = k$. *Alors, pour tout* m *naturel, au moins un des coefficients*

$$a_{m+1}, a_{m+2}, \ldots, a_{m+k}$$

doit être différent de zéro.

(1.3) *Si les éléments* $s_1, s_2, \ldots, s_k$, $s \in K\{x\}$ *sont inversibles, alors* $D\left(\prod_{i=1}^{k} s_i \right) = \sum_{i=1}^{k} D(s_i)$ *et* $D(s^{-1}) = -D(s)$.

(1.4) *Si les éléments* $s_1, s_2, \ldots, s_m$ *ont des conjugués, alors leur somme aussi et*

$$\left(\sum_{i=1}^{m} s_i \right)^* = \sum_{i=1}^{m} s_i^* .$$

Nous rappelons que pour un endomorphisme $\phi : E \to E$ d'un espace vectoriel E, nous notons $\tilde{\phi} : \tilde{E} \to \tilde{E}$ l'endomorphisme induit par ϕ sur $\tilde{E} = E/N\phi$ où $N\phi = \bigcup_{n=1}^{\infty} \operatorname{Ker} \phi^n$; si ϕ est admissible (i.e. $\dim \tilde{E} < \infty$) alors $\tilde{\phi}$ est un automorphisme et nous noterons $w(\phi)$ le polynôme caractéristique de $\tilde{\phi}$.

Il est clair que, puisque $N\phi = N\phi^n$, nous avons

(1.5) ϕ *est admissible si et seulement si* ϕ^n *est admissible.*

(1.6) *Supposons que* K *soit algébriquement clos et que* $\phi : E \to E$ *soit un endomorphisme admissible. Alors toutes les racines* $\lambda_1, \ldots, \lambda_m$ ($m = \dim \tilde{E}$) *du polynôme caractéristique* $w(\phi)$ *sont différentes de zéro et pour tout entier naturel* n *nous avons:*

$$\operatorname{Tr}(\phi^n) = \sum_{j=1}^{m} \lambda_j^n .$$

<u>PREUVE</u>. Par le théorème de Jordan, il existe une base dans $\tilde{E}$ telle que la représentation de la matrice correspondante de $\tilde{\phi}$ ait une forme triangulaire. En conséquence,

$$\operatorname{Tr} \phi = \sum_{j=1}^{m} \lambda_j , \qquad \operatorname{Tr} \phi^2 = \sum_{j=1}^{m} \lambda_j^2 , \ \ldots$$

d'où notre assertion.

2. La série entière de Lefschetz d'un endomorphisme

Supposons maintenant que $\phi = \{\phi_q\}$ soit un endomorphisme de Leray d'un espace vectoriel gradué $E = \{E_q\}$; rappelons que dans ce cas

$$\widetilde{E} = \{\widetilde{E}_q\} \qquad (\text{où } \widetilde{E}_q = E_q | N\phi_q)$$

est de type fini et que le nombre de Lefschetz de ϕ est donné par

$$\Lambda(\phi) = \sum_q (-1)^q \operatorname{Tr}(\phi_q) = \sum_q (-1)^q \operatorname{tr}(\widetilde{\phi}_q) .$$

(2.1) <u>DÉFINITION</u>. La *caractéristique d'Euler-Poincaré* $\chi(\phi)$ de ϕ est définie par

$$\chi(\phi) = \chi(\widetilde{E}) = \sum_q (-1)^q \dim (\widetilde{E}_q) .$$

Remarquons que (1.5) implique

(2.2) ϕ *est un endomorphisme de Leray si et seulement si* ϕ^n *est un endomorphisme de Leray, et dans ce cas* $\chi(\phi) = \chi(\phi^n)$.

(2.3) <u>DÉFINITION</u>. La *série entière de Lefschetz* $L(\phi)$ *d'un endomorphisme de Leray* $\phi = \{\phi_q\}$ est un élément de $K\{x\}$ défini par

$$L(\phi) = \chi(\phi) + \sum_{n=1}^{\infty} \Lambda(\phi^n) x^n = \sum_{n=0}^{\infty} \lambda(\widetilde{\phi}^n) x^n$$

et le *polynôme caractéristique* $w(\phi)$ de ϕ est donné par

$$w(\phi) = \sum_q w_q^{(-1)^q}$$

où w_q est le polynôme caractéristique de $\widetilde{\phi}_q$.

Le résultat algébrique suivant est important:

(2.4) <u>(Théorème de Bowszyc)</u>. *Soit* $\phi = \{\phi_q\}$ *un endomorphisme de Leray d'un espace vectoriel gradué* $E = \{E_q\}$ *dans lui-même. Alors*

(1) $$L(\phi) = (D(w))^*$$

où w *est le polynôme caractéristique de l'endomorphisme* ϕ . *En conséquence, la série entière de Lefschetz* $L(\phi)$ *admet une représentation de la forme*

$$L(\phi) = uv^{-1} \tag{2}$$

où u *et* v *sont des polynômes premiers entre eux avec* $\deg u < \deg v$ $(u \neq 0)$.

<u>PREUVE</u>. Nous allons indiquer la preuve pour le cas où K est algébriquement clos; à cette fin, notons λ_{qj} $(j = 1,2,\ldots,\dim \widetilde{E}_q)$ les racines du polynôme caractéristique w_q de $\widetilde{\phi}_q$.

Nous avons

$$w_q = \prod_j (x-\lambda_{qj}) . \tag{3}$$

Tenant compte de (1.3) et (1.4) et de la définition de w , nous obtenons

$$Dw_q = \sum_j D(x-\lambda_{qj}) = \sum_j (x-\lambda_{qj})^{-1}$$

$$Dw = \sum_{q,j} (-1)^q (x-\lambda_{qj})^{-1}$$

$$((x-\lambda_{qj})^{-1})^* = (1-\lambda_{qj}x)^{-1}$$

et en conséquence

$$(Dw)^* = \left(\sum_{q,j} (-1)^q (x-\lambda_{qj})^{-1}\right)^* = \sum_{q,j} (-1)^q (1-\lambda_{qj}x) . \tag{4}$$

D'autre part, en tenant compte de (1.1) et (2.1), nous avons

$$L(\phi) = \sum_{n=0}^{\infty} (\phi^n)x^n = \sum_{n=0}^{\infty} \sum_{q=0}^{\infty} (-1)^q \operatorname{tr}(\tilde{\phi}_q^n)x^n$$

$$= \sum_{n=0}^{\infty} \sum_{q,j} (-1)^q \lambda_{qj}^n x^n = \sum_{q,j} (-1)^q (1-\lambda_{qj}x)^{-1}$$

et maintenant notre assertion découle de (4).

(2.5) DÉFINITION. Soit $L(\phi) = uv^{-1}$ une représentation rationnelle de $L(\phi)$ avec des polynômes u et v premiers entre eux comme en (2.4). Soit $P(\phi)$ le degré du polynôme v.

(2.6) *Soit* $\phi = \{\phi_q\}$ *un endomorphisme de Leray. Alors*

(i) $\chi(\phi) \neq 0$ *implique* $P(\phi) \neq 0$;

(ii) $P(\phi) \neq 0$ *si et seulement s'il existe un* n *tel que* $\Lambda(\phi^n) \neq 0$;

(iii) *si* $P(\phi) = k \neq 0$, *alors pour tout naturel* m, *l'un des coefficients* $\Lambda(\phi^{m+1}), \Lambda(\phi^{m+2}), \ldots, \Lambda(\phi^{m+k})$ *est différent de* 0.

Nous remarquons de plus que

(2.7) *Si le polynôme caractéristique* w *de l'endomorphisme de Leray* $\phi = \{\phi_q\}$ *est représenté sous la forme* $w = yz^{-1}$, *avec* y *et* z *des polynômes premiers entre eux, alors*

$$\chi(\phi) = \deg y - \deg z \quad \textit{et} \quad P(\phi) = a + b$$

où a *et* b *sont les nombres de racines différentes des polynômes* y *et* z *respectivement.*

3. Existence de points périodiques

(3.1) DÉFINITION. Pour une fonction de Lefschetz $f : X \to X$ nous définissons la *caractéristique d'Euler-Poincaré* $\chi(f)$ et la *série entière de Lefschetz* $L(f)$ en posant:

$$\chi(f) = \chi(f_*)$$
$$L(f) = L(f_*) \; .$$

La partie essentielle de la discussion précédente est résumée dans le théorème suivant:

(3.2) THÉORÈME. *Soit* $f : X \to X$ *une fonction de Lefschetz. Alors la série entière de Lefschetz* $L(f)$ *de* f *admet une représentation "rationnelle"*

$$L(f) = uv^{-1}$$

où u *et* v *sont des polynômes premiers entre eux avec* $\deg u < \deg v$. *Posons* $P(f) = \deg v$. *Nous avons*

(i) $\Lambda(f) \neq 0$ *implique* $P(f) \neq 0$;

(ii) $P(f) \neq 0$ *si et seulement s'il existe un* n *tel que* $\Lambda(f^n) \neq 0$;

(iii) $P(f) = k \neq 0$ *implique que pour tout* m *au moins un des coefficients* $\Lambda(f^{m+1}), \Lambda(f^{m+2}), \ldots, \Lambda(f^{m+k})$ *de la série* $L(f)$ *doit être différent de zéro.*

Nous en venons maintenant aux applications du théorème (3.2) à la théorie des points périodiques.

(3.3) DÉFINITION. Pour une fonction $f : Y \to Y$, un point $y \in Y$ est dit *point périodique pour* f de période $\leq n$ si $f^n(y) = y$.

De (3.2) nous obtenons:

(3.4) THÉORÈME. *Soit* Y *un espace de Lefschetz pour les fonctions compactes et soit* $f : Y \to Y$ *une fonction telle que la* n-*ième itérée* f^n *de* f *soit compacte. Si* $\chi(f) \neq 0$ *ou si* $P(f) \neq 0$, *alors* f *a un point périodique* y *de période* $k \leq n + P(f)$.

Comme conséquences du théorème (3.4) nous obtenons les trois résultats suivants:

(3.5) COROLLAIRE. *Soit* Y *un espace de Lefschetz pour les fonctions compactes,* Y *de type fini, et soit* $f : Y \to Y$ *une fonction vérifiant* (i) f^n *est compacte pour un entier* $n \geq 1$ *et* (ii) $f_* : H(Y) \to H(Y)$ *est un isomorphisme. Alors* $\chi(Y) \neq 0$ *implique que* f *a un point périodique.*

PREUVE. Le fait que f_* soit inversible implique que $\chi(f) = \chi(Y)$ et ainsi notre assertion découle du théorème (3.4).

Le corollaire (3.5) implique le résultat suivant:

(3.6) COROLLAIRE. (Théorème de Fuller). *Soit* Y *un* ANR *compact et* $f : Y \to Y$ *une fonction inversible ou, plus généralement, homotopiquement inversible. Si* $\chi(Y) \neq 0$, *alors* f *a un point périodique.*

(3.7) COROLLAIRE. *Soit* Y *un espace de Lefschetz pour les fonctions compactes tel que* $H_{2n+1}(Y) = 0$ *pour tout* $n \geq 0$. *Alors toute fonction* $f : Y \to Y$ *qui possède une itérée compacte a un point périodique.*

PREUVE. Des hypothèses et de la définition de la caractéristique d'Euler-Poincaré d'une fonction, il découle que $\chi(f) \neq 0$ et donc notre assertion est une conséquence du théorème (3.4).

Chapitre 10

INDICE DE POINT FIXE POUR LES ANR

La théorie du degré de Leray-Schauder et la notion équivalente de l'indice de point fixe ont joué un rôle fondamental en analyse fonctionnelle non linéaire. Dans ce chapitre, nous allons montrer que la théorie de l'indice de Leray-Schauder, convenablement modifiée, occupe une place centrale en théorie topologique du point fixe. Soient U un sous-ensemble ouvert d'un espace normé E et $f : U \to E$ une fonction compacte dont l'ensemble des points fixes est compact. A une telle fonction f, nous associons un entier $\mathrm{Ind}(f)$, l'*indice de Leray-Schauder* de f, qui satisfait en plus des propriétés classiques, les suivantes: (i) l'indice de Leray-Schauder $\mathrm{Ind}(f)$ est topologiquement invariant et (ii) si $f : U \to U$, il est égal au nombre de Lefschetz (généralisé) $\Lambda(f)$ de f.

Soient maintenant X un espace r-dominé par un ouvert V de E (= un ANR (métrique)), $r : V \to X$, $s : X \to V$ une paire de fonctions telles que $rs = 1_X$. Soient U un ouvert dans X et $f : U \to X$ une fonction compacte dont l'ensemble des points fixes est compact. Alors la fonction $sfr : r^{-1}(U) \to V$ est aussi compacte et nous définissons $\mathrm{Ind}(f)$

comme étant l'indice de Leray-Schauder de sfr . Nous montrons que Ind(f) est la généralisation de l'indice de Leray-Schauder à une plus grande catégorie d'espaces et ainsi nous obtenons la théorie topologique de l'indice de point fixe pour les fonctions compactes dans un ANR arbitraire. On peut en fait étendre cette théorie à une plus grande catégorie de fonctions dans des ANR arbitraires et aussi à des classes d'espaces non métrisables.

1. Les axiomes de l'indice de point fixe

Soient U et X deux espaces et $f : U \to X$ une fonction. On dit que f est *admissible* si U est un sous-ensemble ouvert de X et si l'ensemble des points fixes de f

$$\kappa_k = \{x \in U \ ; \ f(x) = x\} \subset U$$

est compact. Une homotopie $h_t : U \to X$ sera dite admissible si l'ensemble $\kappa(\{h_t\}) = \bigcup_{0 \le t \le 1} \kappa(h_t)$ est compact.

(1.1) DÉFINITION. Soit T une catégorie d'espaces dans laquelle une classe A de fonctions et homotopies admissibles est distinguée. Nous appelons *indice de point fixe* sur A une fonction $\text{Ind} : A \to Z$ qui satisfait les conditions suivantes:

I. (*Excision*). Si $U' \subset U$ et $\kappa_f \subset U'$, alors la restriction $f' = f|U' : U' \to X$ est dans A et

$$\text{Ind}(f) = \text{Ind}(f') \ .$$

II. (*Additivité*). Supposons que $U = \bigcup_{i=1}^{k} U_i$, $f_i = f|U_i$ et que les ensembles de points fixes $\kappa_i = \kappa_f \cap U_i$ sont deux à deux disjoints, $\kappa_i \cap \kappa_j = \emptyset$ si $i \neq j$. Alors

$$\text{Ind } f = \sum_{i=1}^{k} \text{Ind } f_i \ .$$

III. (*Points fixes*). Si $\text{Ind } f \neq 0$, alors $\kappa_f \neq \emptyset$, i.e. la fonction f a un point fixe.

IV. (*Homotopie*). Soit $h_t : U \to X$, $0 \leq t \leq 1$, une homotopie admissible dans $\mathcal{A}$, alors $\text{Ind}(h_o) = \text{Ind}(h_1)$.

V. (*Multiplicativité*). Si $f_1 : U_1 \to X_1$ et $f_2 : U_2 \to X_2$ sont dans $\mathcal{A}$, alors la fonction produit $f_1 \times f_2 : U_1 \times U_2 \to X_1 \times X_2$ est dans $\mathcal{A}$ et

$$\text{Ind}(f_1 \times f_2) = \text{Ind}(f_1)\text{Ind}(f_2) \ .$$

VI. (*Commutativité*). Soient $U \subset X$, $U' \subset X'$ deux ouverts et soient $f : U \to X'$, $g : U' \to X$ deux fonctions dans $\mathcal{T}$. Si l'une des fonctions composées

$$gf : V = f^{-1}(U') \to X \quad \text{ou} \quad fg : V' = g^{-1}(U) \to X'$$

est dans $\mathcal{A}$, alors l'autre l'est aussi et, dans ce cas,

$$\text{Ind}(gf) = \text{Ind}(fg) \ .$$

VII. (*Normalisation*). Si $f : U \to X$ est une fonction constante, i.e. $f(x) = p$ pour tout x , alors

$$\text{Ind } f = \begin{cases} 0 & \text{si} \quad p \notin U \\ 1 & \text{si} \quad p \in U . \end{cases}$$

2. L'indice de point fixe dans R^n

Dans la définition suivante, H est l'homologie singulière sur Z. Fixons pour chaque n une orientation $\ell \in H_n(S^n)$ de la sphère $S^n = \{x \in R^{n+1} \; ; \; \|x\| = 1\}$ et identifions en conséquence $H_n(S^n) \approx Z$ avec l'ensemble des entiers Z.

(2.1) DÉFINITION. Soit $f : U \to R^n$ une fonction admissible. Notons $K = \kappa_f$ l'ensemble des points fixes de f et

$$(i\text{-}f) : (U, U\text{-}K) \to (R^n, R^n\text{-}\{0\})$$

la fonction définie par $(i\text{-}f)(x) = x\text{-}f(x)$. L'indice de point fixe $\text{Ind } f$ de la fonction f est définie comme étant l'image de 1 par la fonction composée

$$Z \approx H_n(S^n) \to H_n(S^n, S^n\text{-}K) \overset{\sim}{\leftarrow} H_n(U, U\text{-}K) \xrightarrow{(i\text{-}f)_*} H_n(R^n, R^n\text{-}0) \approx Z .$$

Le théorème suivant est une version modernisée du résultat classique dû essentiellement à H. Hopf.

(2.2) THÉORÈME. (L'indice de point fixe dans R^n). *Soient* T *la catégorie des sous-ensembles ouverts d'espaces euclidiens et* $A(T)$ *la classe de toutes les fonctions admissibles dans* T. *Alors il existe une fonction à valeurs entières* $f \to \text{Ind } f$ *qui satisfait les propriétés* I-VII.

Pour une preuve de (2.2), nous référons à A. Dold [D, 1972].

Remarquons que excision et commutativité impliquent la propriété suivante de l'indice:

VIII. (*Contraction*). Soient U un ouvert dans R^{n+1} et $f : U \to R^{n+1}$ une fonction admissible telle que $f(U) \subset R^n$. Notons $f' : U' \to R^n$ la contraction de f , où $U' = U \cap R^n$. Alors $\mathrm{Ind}(f) = \mathrm{Ind}(f')$.

3. L'indice de Leray-Schauder

Dans ce qui suit nous utiliserons le résultat élémentaire suivant dont la preuve est laissée au lecteur.

(3.1) LEMME. *Soient* V *un ouvert dans un espace normé* E *et* $f : \overline{V} \to E$ *une fonction compacte sans points fixes sur la frontière* δV *de* V . *Alors:*

(a) *le nombre* $\eta = \inf_{x \in \delta V} \|x-f(x)\|$ *est positif;*

(b) *si* $\varepsilon < \eta$, *alors toute* ε*-approximation* f_ε *de* f *est sans points fixes sur* δV .

(c) *Etant donné deux* ε*-approximations* f'_ε *et* f''_ε *de* f *avec* $\varepsilon < \frac{1}{2}\eta$ *la formule*

$$h_t(x) = tf'_\varepsilon(x) + (1-t)f''_\varepsilon(x)$$

définit une homotopie de dimension finie joignant f'_ε *et* f''_ε *qui n'a pas de points fixes sur* δV .

Soient U un sous-ensemble ouvert d'un espace normé E et $f : U \to E$ une fonction admissible compacte. Considérons un ensemble ouvert $V \subset U$ tel que $\delta V \subset U$ et $\kappa_f \subset V$. Alors le nombre $\eta = \frac{1}{2} \inf \|x-f(x)\|$ pour $x \in \delta V$ est positif.

Soit $g = f|V : V \to E$. De la définition de η et du lemme 4.2, on déduit que:

(i) si $\varepsilon < \eta$, alors toute ε-approximation $g_\varepsilon : V \to E$ de g est admissible;

(ii) étant donné deux ε-approximations $g'_\varepsilon, g''_\varepsilon : V \to E$ de g avec $\varepsilon < \eta$, il existe une homotopie compacte admissible de dimension finie $h_t : V \to E$, $0 \leq t \leq 1$, telle que $h_o = g'$, $h_1 = g''$.

Soient $f : U \to E$ une fonction admissible compacte et $g_\varepsilon : V \to E$ une ε-approximation de $g = f|V$ comme ci-dessus. Notons E^n un sous-espace de dimension finie de E qui contient $g_\varepsilon(V)$ et $g'_\varepsilon : E^n \cap V \to E^n$ la contraction évidente de g.

Posons $\mathrm{Ind}(f,V) = \mathrm{Ind}(g')$. Il découle de (i) et (ii) et des propriétés d'homotopie et de contraction de l'indice dans R^n, que $\mathrm{Ind}(f,V)$ ne dépend pas du choix de g'_ε. De plus, étant donné V_1 et V_2 avec les mêmes propriétés que V, nous avons:

$$(*) \qquad \mathrm{Ind}(f,V_1) = \mathrm{Ind}(f,V_2) .$$

Pour démontrer (*), nous distinguerons deux cas: (i) $V_1 \subset V_2$, (ii) V_1 et V_2 arbitraires. Dans le premier cas, notre assertion découle de l'excision de l'indice dans R^n et le second cas se réduit, évidemment, au premier.

(3.2) DÉFINITION. Pour une fonction admissible compacte $f : U \to X$ on définit l'*indice de Leray-Schauder* $\mathrm{Ind}(f)$ de f en posant

$$\mathrm{Ind}(f) = \mathrm{Ind}(f,V) = \mathrm{Ind}(g_\varepsilon') .$$

Il découle de (*) que $\mathrm{Ind}(f)$ est bien défini.

Nous pouvons maintenant énoncer le premier résultat fondamental de ce chapitre:

(3.3) THÉORÈME. *Soit* T *la catégorie des sous-ensembles ouverts d'espaces vectoriels normés et soit* A *la classe de toutes les fonctions compactes admissibles dans* T. *Supposons que toutes les homotopies admissibles soient compactes. Alors l'indice de Leray-Schauder* $f \to \mathrm{Ind}(f)$ *défini sur* A *satisfait les propriétés* I-VII. *En* VI *il est supposé que l'une des fonctions* f *ou* g *est compacte.*

PREUVE. En utilisant le Théorème d'approximation (1.4.3) et le lemme (3.1), les propriétés I-V découlent de manière directe des propriétés correspondantes de l'indice dans R^n. La preuve de la propriété VI, qui est plus délicate, sera donnée dans la section suivante.

Remarquons que la commutativité de $\mathrm{Ind}(f)$ implique l'importante propriété suivante de l'indice de Leray-Schauder:

IX. (*Invariance topologique*). Soit $f : U \to E$ une fonction admissible compacte et soit $h : E \to E'$ un homéomorphisme. Alors

$h \circ f \circ h^{-1} : h(U) \to E'$ est aussi une fonction admissible compacte et

$$\mathrm{Ind}(h \circ f \circ h^{-1}) = \mathrm{Ind}(f) .$$

4. Preuve de la commutativité

Pour démontrer la commutativité nous utilisons le fait que l'indice de Leray-Schauder satisfait les propriétés I, IV, V et VII.

Soient $U \subset E$, $U' \subset E'$ deux ouverts dans des espaces normés E et E', respectivement, et $f : U' \to E$, $g : U \to E'$ deux fonctions continues. Considérons les fonctions composées:

$$g \circ f : f^{-1}(U) \to E' , \qquad f \circ g : g^{-1}(U') \to E .$$

Remarquons que les fonctions $f : \kappa(gf) \to \kappa(fg)$ et $g : \kappa(fg) \to \kappa(gf)$ sont inverses l'une de l'autre et donc les ensembles de points fixes $\kappa(gf)$ et $\kappa(fg)$ sont homéomorphes; ainsi, si l'un d'eux est compact, l'autre l'est aussi. Dans la preuve de la commutativité, nous distinguerons deux cas:

CAS PARTICULIER (les deux fonctions f et g sont compactes): Dans ce cas, nous procédons essentiellement comme dans Dold [D, 1965].

Considérons

$$\phi : U' \times U \to E' \times E$$

définie par

(1) $$\phi(x,y) = (g(y), f(x)) .$$

Considérons les homotopies

$$h_t, h'_t : U' \times U \to E' \times E$$

$$H_t : U' \times E \to E' \times E$$

$$H'_t : E' \times U \to E' \times E$$

définies par les formules:

$$(2) \quad \begin{cases} h_t(x,y) = [tgf(x) + (1-t)g(y), f(x)] & \\ & (x,y,t) \in U' \times U \times I \\ h'_t(x,y) = [g(y), tfg(y) + (1-t)f(x)] & \\ & \\ H_t(x,y) = [gf(x), (1-t)f(x)] & (x,y,t) \in U' \times E \times I \\ H'_t(x,y) = [(1-t)g(y), fg(y)] & (x,y,t) \in U' \times E' \times I \,. \end{cases}$$

Nous avons

$$(3) \qquad \phi = h_o = h'_o \,.$$

Par hypothèse, f et g sont compactes; ceci implique que ϕ et toutes les homotopies ci-dessus sont compactes; puisque les ensembles de points fixes κ_ϕ et κ_{gf} sont homéomorphes sous $x \to (x,f(x))$, $(x,y) \to x$, ϕ est admissible.

D'autre part, un calcul élémentaire montre que les ensembles de points fixes

$$\kappa_\phi = \kappa(\{h_t\}) = x(\{h'_t\})$$

coïncident et, par conséquent, les homotopies h_t et h'_t sont admissibles.

Par un argument direct, on montre que H_t et H'_t sont aussi admissibles.

Alors, par la propriété d'homotopie, nous avons, d'après (3),

(4) $$\mathrm{Ind}(\phi) = \mathrm{Ind}(h_1) = \mathrm{Ind}(h'_1) .$$

D'autre part, puisque

$$h_1 = H_1|U' \times U , \qquad h'_1 = H'_1|U' \times U$$

nous avons, par la propriété d'excision:

(5) $$\mathrm{Ind}(\phi) = \mathrm{Ind}(H_1) = \mathrm{Ind}(H'_1) .$$

H_1 et H'_1 sont des fonctions produit

(6) $$H_1 = (gf) \times (\mathrm{const}) , \qquad H'_1 = (\mathrm{const}) \times (fg) .$$

Par la propriété de multiplicativité, d'après (5) et (6),

$$\mathrm{Ind}(gf) \cdot \mathrm{Ind}(\mathrm{const}) = \mathrm{Ind}(\mathrm{const}) \cdot \mathrm{Ind}(fg)$$

et donc par la propriété de normalisation (puisque $\Lambda(\mathrm{const}) = 1$) nous avons

$$\mathrm{Ind}(gf) = \mathrm{Ind}(fg) .$$

<u>CAS GÉNÉRAL</u>. Nous supposons maintenant que $f : U' \to E$ est compacte et $g : U \to E'$ continue. Pour montrer que

$$\mathrm{Ind}(gf|f^{-1}(U)) = \mathrm{Ind}(fg|g^{-1}(U'))$$

nous supposons que gf (et donc fg) est admissible.

Considérons un petit ouvert $\mathcal{O} \subset U$ vérifiant (i) $\mathcal{O}$ est borné, (ii) $\delta\mathcal{O} \subset U$, (iii) $\kappa_{fg} \subset \mathcal{O}$ et posons $\mathcal{O}' = f^{-1}(\mathcal{O})$. Il est clair que $\kappa(gf) \subset \mathcal{O}'$ et nous pouvons supposer que $\delta\mathcal{O}' \subset U'$.

Maintenant les deux fonctions

$$gf : f^{-1}(\mathcal{O}) \to E' \quad \text{et} \quad fg : g^{-1}(\mathcal{O}') \to E$$

sont compactes. Par la propriété d'excision, il suffit de montrer que

$$\mathrm{Ind}(gf|f^{-1}(\mathcal{O})) = \mathrm{Ind}(fg|g^{-1}(\mathcal{O}')) \ . \tag{7}$$

Posons

$$\begin{cases} \eta_1 = \inf \|x - gf(x)\| & \text{pour} \quad x \in \delta f^{-1}(\mathcal{O}) \\ \eta_2 = \inf \|y - fg(y)\| & \text{pour} \quad y \in \delta g^{-1}(\mathcal{O}') \\ \eta \ = \min(\eta_1,\eta_2) \ . \end{cases} \tag{8}$$

Par le lemme (3.1), le nombre η est positif.

Soit K un compact contenant $f(U') \subset E$. Considérons la fonction $g : U \to E'$ aux points du compact $K \cap \overline{\mathcal{O}} \subset U$. La continuité de g implique que pour chaque $y \in K \cap \overline{\mathcal{O}}$ il existe $\delta_y > 0$ vérifiant les propriétés:

(i) la boule ouverte $V(y,\delta_y)$ de centre y et de rayon δ_y est contenue dans U ;

(ii) $y',y'' \in V(y,\delta_y) \Rightarrow \|g(y') - g(y'')\| < \eta$.

De la compacité de $K \cap \overline{\mathcal{O}}$, il découle qu'un nombre fini de boules $V(y_1,\delta_{y_1}),\ldots,V(y_k,\delta_{y_k})$ recouvre $K \cap \overline{\mathcal{O}}$.

Posons

$$(9) \qquad \begin{cases} \delta = \min(\delta_{y_1},\dots,\delta_{y_k}) \\ V = \bigcup_{i=1}^{k} V(y_k,\delta_{y_i}) \\ \varepsilon = \min(\delta,\eta) \ . \end{cases}$$

Il est clair, d'après (9), que

$$(10) \qquad \begin{cases} \text{si} \quad y \in K \cap \overline{O} \quad \text{et} \quad \|y' - y\| < \varepsilon \quad \text{, alors} \\ \qquad \|g(y) - g(y')\| < \eta \\ \text{et} \\ \quad ty + (1-t)y' \in V \quad \text{pour tout} \quad t \in [0,1] \ . \end{cases}$$

Soit maintenant $f_\varepsilon : U' \to X$ une ε-approximation de $f : U' \to X$ et soit $h_t : U' \to X$ définie par

$$h_t(x) = tf(x) + (1-t)f_\varepsilon(x) \ .$$

Il est clair que h_t est une ε-homotopie joignant f et f_ε de façon compacte. Puisque sur $\overline{f^{-1}(O)} \subset f^{-1}(\overline{O})$ les valeurs de h_t sont dans un sous-ensemble compact $V \subset U$, nous pouvons considérer sur $\overline{f^{-1}(O)}$ la fonction composée gh_t . Il découle évidemment de (10) que gh_t est une η-homotopie et donc par le lemme (3.1) (d'après la définition de η) elle n'a pas de points fixes sur $\delta f^{-1}(O)$; ainsi

$$gh_t : f^{-1}(O) \to E'$$

est une homotopie admissible joignant gf_ε et gf sur $f^{-1}(O)$.

En conséquence, par la propriété d'homotopie, nous avons

(11) $$\mathrm{Ind}(gf|f^{-1}(\mathcal{O})) = \mathrm{Ind}(gf_\varepsilon|f^{-1}(\mathcal{O})) .$$

Ensuite, puisque f_ε est de dimension finie, $f_\varepsilon(U') \subset E^n$, nous pouvons considérer les contractions suivantes:

(12) $$\begin{cases} \tilde{f}_\varepsilon : f^{-1}(\mathcal{O}) \to E^n \cap \mathcal{O} \\ \tilde{g} : E^n \cap \mathcal{O} \to E' \end{cases}$$

de f_ε et g respectivement. Sur $f^{-1}(\mathcal{O})$, nous avons $g \circ f_\varepsilon = \tilde{g} \circ \tilde{f}_\varepsilon$ et donc

(13) $$\mathrm{Ind}(gf_\varepsilon|f^{-1}(\mathcal{O})) = \mathrm{Ind}(\widetilde{g}\widetilde{f}_\varepsilon|f^{-1}(\mathcal{O})) .$$

De plus, puisque $\tilde{g} \subset g|E^n \cap \overline{\mathcal{O}}$ et que $\mathcal{O}$ est borné, nous concluons que $\tilde{g}$ est compacte. Ainsi, $\tilde{f}_\varepsilon$ et $\tilde{g}$ étant compactes, nous pouvons appliquer le cas particulier de la commutativité. Nous avons

(14) $$\mathrm{Ind}(\widetilde{g}\widetilde{f}_\varepsilon|f^{-1}(\mathcal{O})) = \mathrm{Ind}(\tilde{f}_\varepsilon \circ \tilde{g}|\tilde{g}^{-1}f^{-1}(\mathcal{O})) ,$$

et finalement, puisque $\mathcal{O}' = f^{-1}(\mathcal{O})$, nous obtenons de (11), (13) et (14):

(15) $$\mathrm{Ind}(gf|f^{-1}(\mathcal{O})) = \mathrm{Ind}(f_\varepsilon \circ \tilde{g}|\tilde{g}^{-1}(\mathcal{O}')) .$$

D'autre part, considérons la fonction composée $h_t g$ sur $\overline{g^{-1}(\mathcal{O}')} \subset g^{-1}(\overline{\mathcal{O}}')$. Il est clair que $h_t g$ est une ε-homotopie compacte joignant fg et $f_\varepsilon \circ g$; puisque $\varepsilon < \eta$, c'est une η-homotopie et, donc, par le lemme (3.1), elle n'a pas de points fixes sur $\delta g^{-1}(\mathcal{O}')$. En d'autres termes,

$$h_t g : g^{-1}(\mathcal{O}') \to E$$

est une homotopie admissible compacte joignant $f_\varepsilon \circ g$ et fg sur $g^{-1}(\mathcal{O}')$ et en conséquence (par la propriété d'homotopie) nous avons

(16) $$\mathrm{Ind}(fg|g^{-1}(\mathcal{O}')) = \mathrm{Ind}(f_\varepsilon \circ g|g^{-1}(\mathcal{O}')) .$$

Puisque les valeurs de $f_\varepsilon \circ g$ sont dans $E^n \cap \mathcal{O}$ nous avons par la définition de l'indice de Leray-Schauder:

(17) $$\mathrm{Ind}(f_\varepsilon \circ g|g^{-1}(\mathcal{O}')) = \mathrm{Ind}(f_\varepsilon \circ g|g^{-1}(\mathcal{O}') \cap \mathcal{O} \cap E^n)$$

et donc, vu que $g^{-1}(\mathcal{O}') \cap \mathcal{O} \cap E^n = \tilde{g}^{-1}(\mathcal{O}')$, nous avons

(18) $$\mathrm{Ind}(fg|g^{-1}(\mathcal{O}')) = \mathrm{Ind}(f_\varepsilon \circ \tilde{g}|\tilde{g}^{-1}(\mathcal{O}')) .$$

En comparant les formules (18) et (15) nous obtenons la conclusion désirée (7), ce qui achève la démonstration.

5. Théorie de l'indice de point fixe pour des ANR arbitraires

Nous en venons maintenant à l'application principale de l'indice de Leray-Schauder en établissant l'existence d'une théorie de l'indice de point fixe pour les fonctions compactes dans des ANR arbitraires.

(5.1) DÉFINITION. Soient X un ANR et $f : U \to X$ une fonction admissible compacte. Pour définir $\mathrm{Ind}(f)$, considérons un ouvert V d'un espace normé E qui r-domine X . Soit $s : X \to V$, $r : V \to X$ une paire de fonctions telles que $rs = 1_X$. Puisque la fonction composée

$$r^{-1}(U) \xrightarrow{r} U \xrightarrow{f} X \xrightarrow{s} V$$

est compacte et admissible (car $\kappa(f) = \kappa(sfr)$) , son indice de Leray-Schauder est défini par le théorème (3.3) et on pose

$$(*) \qquad \mathrm{Ind}(f) \underset{df}{=} \mathrm{Ind}(sfr) .$$

Soit $V' \subset E'$ un autre ensemble ouvert dans un espace normé E', qui r-domine X, avec $s' : X \to V'$, $r' : V' \to X$, $r's' = 1_X$. Alors, puisque la seconde des fonctions

$$sr' : V' \to V , \qquad s'fr : r^{-1}(U) \to V'$$

est compacte, nous pouvons appliquer la propriété de commutativité de l'indice de Leray-Schauder. On obtient:

$$\mathrm{Ind}((s'fr)\circ(sr')|(sr')^{-1}(r^{-1}(U)) = \mathrm{Ind}((sr')\circ(s'fr)|r^{-1}(U)) .$$

Puisque $(s'fr)(sr') = s'fr'$, $(sr') \circ (s'fr) = sfr$ et, étant donné que $(sr')^{-1}(r^{-1}(U)) = r'^{-1}(U)$, on a:

$$\mathrm{Ind}(s'fr'|r'^{-1}(U)) = \mathrm{Ind}(sfr|r^{-1}(U))$$

ce qui prouve que notre définition est indépendante des choix considérés.

Nous pouvons maintenant énoncer notre second résultat fondamental:

(5.2) <u>THÉORÈME</u>. *Soit* T *la catégorie des espaces* ANR(*métrique*) *et soit* A *la classe de toutes les fonctions compactes admissibles dans* T. *Supposons de plus que toutes les homotopies admissibles soient compactes. Alors la fonction indice de point fixe* $f \to \mathrm{Ind}(f)$ *définie par la formule* (*) *satisfait toutes les propriétés* I-VII. *En* VI, *il est supposé que l'une des fonctions* f *ou* g *est compacte, ce qui implique que l'indice de point fixe est un invariant topologique.*

PREUVE. Toutes les propriétés découlent aisément des propriétés correspondantes de l'indice de Leray-Schauder. Démontrons par exemple la propriété VI. La preuve des autres propriétés, étant similaire, est omise.

PREUVE de la propriété VI. Soient $X, X' \in \mathrm{ANR}$, $f : U' \to X$, $g : U \to X'$ des fonctions admissibles et supposons que f soit compacte. Soit V (resp. V') un ouvert d'un espace normé E (resp. E') qui r-domine X (resp. X') ; notons $X \overset{s}{\to} V \overset{r}{\to} X$, $X' \overset{s'}{\to} V' \overset{r'}{\to} X'$ deux paires de fonctions satisfaisant $rs = 1_X$, $r's' = 1_{X'}$.

Considérons les fonctions suivantes:

$$sfr' : r'^{-1}(U') \to V$$
$$s'gr : r^{-1}(U) \to V'$$

et notons que la première d'entre elles est compacte. Il découle de la commutativité de l'indice de Leray-Schauder (appliquée aux fonctions ci-dessus) que

$$\mathrm{Ind}((sfr')(s'gr)|(s'gr)^{-1}r'^{-1}(U')) = \mathrm{Ind}((s'gr)(sfr')|(sfr')^{-1}r^{-1}(U))$$

et donc, étant donné que

$$(s'gr)^{-1}r'^{-1}(U') = r^{-1}g^{-1}(U') ,$$
$$(sfr')^{-1}r^{-1}(U) = r'^{-1}f^{-1}(U)$$

nous avons

$$\mathrm{Ind}(sfgr|r^{-1}g^{-1}(U')) = \mathrm{Ind}(s'gfr')r'^{-1}f^{-1}(U)) .$$

De ceci (d'après la définition de l'indice de point fixe) nous obtenons:

$$\mathrm{Ind}(fg|g^{-1}(U')) = \mathrm{Ind}(gf|f^{-1}(U)) ,$$

ce qui achève la démonstration.

6. Indice de point fixe et nombre de Lefschetz

Dans cette section, nous établissons l'importante relation entre l'indice de point fixe et le nombre de Lefschetz (généralisé). Nous utiliserons le théorème suivant, prouvé par A. Dold [D, 1972] qui est une variante particulièrement bien adaptée à cette théorie du résultat classique dû essentiellement à H. Hopf:

(6.1) THÉORÈME. *Soient* $U \subset R^n$ *un ouvert et* $f : U \to U$ *une fonction compacte. Alors* $\mathrm{Ind}(f) = \Lambda(f)$.

Nous établissons ensuite la relation entre l'indice de Leray-Schauder et le nombre de Lefschetz.

(6.2) THÉORÈME. *Soient* U *un ouvert dans un espace vectoriel normé et* $f : U \to U$ *une fonction compacte. Alors l'indice de Leray-Schauder de* f *est égal au nombre de Lefschetz de* f *, i.e.,* $\mathrm{Ind}(f) = \Lambda(f)$.

PREUVE. Etant donné $f : U \to U$, soit $\varepsilon > 0$ un nombre plus petit que $\mathrm{dist}(\kappa_f, \delta U)$, soit $f_\varepsilon : U \to U$ une ε-approximation de f à valeurs dans un sous-espace de dimension finie E^n de E et soit $U_n = U \cap E^n$. Il est clair que f_ε est admissible et que $f \simeq f_\varepsilon$.

Considérons le diagramme commutatif suivant dans lequel toutes les flèches représentent soit les injections canoniques, soit les contractions de la fonction f_ε :

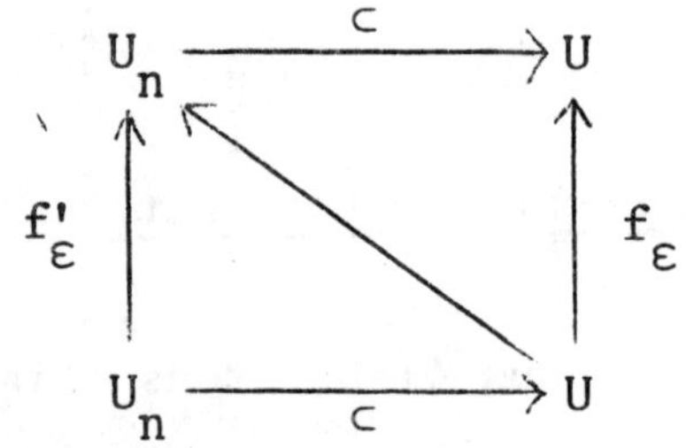

D'après la définition, $\mathrm{Ind}(f) = \mathrm{Ind}(f'_\varepsilon)$. Par la commutativité du nombre de Lefschetz, nous avons $\Lambda(f'_\varepsilon) = \Lambda(f_\varepsilon)$ et, en conséquence, en vertu du théorème (6.1), $\mathrm{Ind}(f) = \Lambda(f_\varepsilon)$. Puisque f est homotope à f_ε , ceci implique que $\mathrm{Ind}(f) = \Lambda(f)$, ce qui achève la démonstration.

(6.3) <u>THÉORÈME</u>. *Soient* X *un* ANR *arbitraire et* $f : X \to X$ *une fonction compacte. Alors* $\Lambda(f) = \mathrm{Ind}(f)$.

<u>PREUVE</u>. Soient U un ouvert dans un espace vectoriel normé E et $s : X \to U$, $r : U \to X$ une paire de fonctions telles que $rs = 1_X$. Considérons la fonction compacte $sfr : U \to U$; par (6.2), nous avons $\Lambda(sfr) = \mathrm{Ind}(sfr)$. D'autre part, en vertu de la commutativité du nombre de Lefschetz, $\Lambda(sfr) = \Lambda(f)$ et d'après la définition de l'indice nous avons $\mathrm{Ind}(f) = \mathrm{Ind}(sfr)$. D'où notre assertion.

7. Indice de point fixe pour les fonctions localement compactes

Dans la définition de l'indice de point fixe de f , seul le comportement de f dans un voisinage de l'ensemble de point fixe κ_f est important. Cette remarque générale indique comment agrandir la classe des fonctions pour lesquelles l'indice de point fixe est défini.

(7.1) <u>DÉFINITION</u>. Soient X un ANR et $f : U \to X$ une fonction admissible localement compacte. Soit V un voisinage de l'ensemble de point fixe κ_f tel que la restriction $f|V$ soit compacte. Nous définissons l'indice de point fixe de f en posant $\mathrm{Ind}(f) = \mathrm{Ind}(f|V)$.

Avec cette définition (qui ne dépend pas du choix de V) , nous obtenons la généralisation suivante du théorème (5.2):

(7.2) <u>THÉORÈME</u>. *Soit* T *la catégorie des espaces* ANR (*métrique*) *et soit* A *la classe de toutes les fonctions localement compactes admissibles. Supposons de plus que toutes les homotopies admissibles soient localement compactes. Alors la fonction* $f \to \mathrm{Ind}(f)$ *définie en* (7.1) *satisfait les propriétés* I-VII.

Nous avons également l'importante propriété suivante de l'indice de point fixe des fonctions localement compactes.

(7.3) <u>THÉORÈME</u>. *Soient* X *un* ANR *et* $f : X \to X$ *une fonction d'attraction compacte. Alors* $\Lambda(f) = \mathrm{Ind}(f)$.

<u>PREUVE</u>. Par (3.4.4), il existe un ensemble ouvert $U \subset X$ ayant les propriétés suivantes: (i) $\kappa(f) \subset U$, (ii) $f(U) \subset U$, (iii) $f|U : U \to U$ est compacte, (iv) U absorbe les compacts de X . Par définition,
$\mathrm{Ind}(f) = \mathrm{Ind}(f|U)$; maintenant, la conclusion découle de (6.3) et (6.2.3) car $\Lambda(f|U) = \Lambda(f)$ et $\mathrm{Ind}(f|U) = \Lambda(f|U)$. La preuve est complète.

[illegible]

[illegible] ... Soit ... [illegible]

[illegible] ... les fonctions ... [illegible]

[illegible]

[illegible] ... existe un ensemble ... [illegible]

[illegible] ... la conclusion ... [illegible]

[illegible] ... complète. [illegible]

Chapitre 11

QUELQUES GÉNÉRALISATIONS DE LA THÉORIE DU DEGRÉ DE LERAY-SCHAUDER

Dans ce chapitre nous passons brièvement en revue quelques travaux récents sur les théories de cohomologie de dimension infinie. Ces théories généralisent la théorie du degré de Leray-Schauder et fournissent un outil algébrique particulièrement bien adapté au traitement de divers problèmes en dimension infinie. Parmi ceux-ci nous discutons les questions de dualité dans un espace vectoriel normé ainsi que certains aspects de la théorie des équations non linéaires, dans le cas où la théorie du degré de Leray-Schauder n'est pas applicable.

1. La catégorie de Leray-Schauder

Nous désignons par E^∞ ou simplement par E un espace normé de dimension infinie. Nous fixons une suite $E^{\infty-n} \oplus E_n$ de décompositions de E en somme directe telle que

(i) $E_o \subset E_1 \subset \dots \subset \dots$

(ii) $E^\infty \supset E^{\infty-1} \supset \dots \supset \dots$

(iii) $\operatorname{codim} E^{\infty-n} = \dim E_n = n$.

Par *couronne annulaire* T dans E nous entendons un ensemble de la forme

$$T = \{x \in E \ ; \ r_1 \leq \|x\| \leq r_2\}$$

où $0 < r_1 \leq r_2$. Nous notons K une boule fermée dans E de centre 0 et S sa frontière.

Nous posons

$$T^{\infty-n} = T \cap E^{\infty-n}$$

$$K^{\infty-n} = K \cap E^{\infty-n}$$

$$S^{\infty-n} = S \cap E^{\infty-n} \ .$$

Nous réservons le symbole $U^{\infty-n}$ à l'ensemble ouvert $E - E_n$.

Champs vectoriels compacts

Notons $L = \{L_\alpha, L_\beta, L_\gamma, \ldots\} = \{\alpha, \beta, \gamma, \ldots\}$ l'ensemble filtrant de tous les sous-espaces vectoriels de dimension finie de E avec la relation d'ordre naturel définie par $\alpha \leq \beta$ si $L_\alpha \subset L_\beta$.

Une fonction $F : X \to E$ est appelée *α-fonction* si (i) F est compacte et (ii) $F(X) \subset L_\alpha$.

Etant donnée une fonction $f : X \to Y$ entre deux sous-ensembles X et Y de E nous noterons par la lettre capitale correspondante F la fonction $F : X \to E$ définie par $F(x) = x - f(x)$ pour $x \in X$. Une fonction $f : X \to Y$ est dite *champ vectoriel compact* (resp. *α-champ*) si F est compacte (resp. une α-fonction).

L'ensemble de tous les champs compacts (resp. α-champs) de X dans Y sera noté $C(X,Y)$ (resp. $C_\alpha(X,Y)$). Puisque la composition de champs compacts est un champ compact, nous pouvons considérer la *catégorie* C *des champs vectoriels compacts* avec comme objets les sous-ensembles de E et comme morphismes les champs compacts. Similairement, pour chaque $\alpha \in L$ nous avons la sous-catégorie C_α de C. La réunion de toutes les sous-catégories C_α, $\alpha \in L$, sera notée C_o. Les morphismes de C_o sont appelés *champs de dimension finie.*

Homotopie de champs vectoriels compacts

Etant donné X et Y dans E et une homotopie $h_t : X \to Y$ $(0 \leq t \leq 1)$ nous noterons H la fonction de $X \times I$ dans E définie par

$$H(x,t) = x - h_t(x) \quad \text{pour} \quad (x,t) \in X \times I .$$

Une famille continue de champs compacts (resp. d' α-champs) $h_t : X \to Y$ est une *homotopie compacte* (resp. une α-*homotopie*) si $H : X \times I \to E$ est une fonction compacte (resp. une α-fonction). Deux champs compacts (resp. α-champs) $f,g : X \to Y$ sont *homotopes*, $f \simeq g$ (resp. α-*homotopes*, $f \underset{\alpha}{\simeq} g$) s'il existe une homotopie compacte (resp. une α-homotopie) $h_t : X \to Y$ telle que $h_o = f$, $h_1 = g$. Les ensembles des classes d'homotopie (resp. α-homotopie) correspondantes seront notées $\pi(X,Y)$ (resp. $\pi_\alpha(X,Y)$).

EXEMPLE 1. Soit $f : S \to E - \{0\}$ un champ compact et soit $j : S \to E - \{0\}$ l'injection canonique. Posons

(*) $$h_t(x) = x - tF(x) \quad \text{pour} \quad (x,t) \in S \times I \; .$$

Il découle de (*) que *ou bien* (i) *il existe* t , $0 < t < 1$, *et* $x \in S$ *tels que* $x = tF(x)$, *ou bien* (ii) *les champs* f *et* j *sont homotopes.*

EXEMPLE 2. Soient U un ouvert dans $E^{\infty-n}$ et $f,g : S \to U$ deux champs compacts tels que

$$\|f(x) - g(x)\| \le \text{dist}(f(x),E-U) \quad \text{pour tout} \quad x \in S \; .$$

Alors pour tout $(x,t) \in S \times I$ nous avons

$$\begin{aligned} h_t(x) &= tf(x) + (1-t)g(x) \\ &= x - [tF(x) + (1-t)G(x)] \neq 0 \end{aligned}$$

et donc $h_t : S \to E^{\infty-n} - \{0\}$ est une homotopie compacte joignant f et g .

EXEMPLE 3. Soient $f,g : S \to E^{\infty-n} - \{0\}$ deux champs compacts tels que pour tout $x \in S$

$$\|f(x) - g(x)\| \le \|f(x)\| \; .$$

Alors f et g sont homotopes.

Le problème du prolongement des champs compacts

Etant donné une paire (X,A) dans E avec A fermé dans X et un champ $f : A \to U$ nous pouvons considérer le problème du prolongement de f à X dans C . Le théorème suivant affirme que sous certaines hypothèses ce problème dépend seulement de la classe d'homotopie d'un champ donné f .

(1.1) (Théorème du prolongement de l'homotopie). *Soient* U *un sous-ensemble ouvert de* $E^{\infty-n}$ *et* $h_t : A \to U$ $(0 \leq t \leq 1)$ *une homotopie compacte. Si* h_o *peut être prolongée à* X *en un champ compact* $\overline{h_o} : X \to U$, *alors il existe une homotopie compacte* $\overline{h_t} : X \to U$ *prolongeant* h_t *à* X, *i.e.,* $h_t = \overline{h_t}|A$.

La catégorie de Leray-Schauder

Notons $L(E)$ ou simplement L la sous-catégorie de C engendrée par les sous-ensembles fermés bornés de E ; L sera appelée la *catégorie de Leray-Schauder* correspondant à l'espace vectoriel E .

Un champ compact $f : X \to Y$ dans L est *inversible* (resp. *homotopiquement inversible*) s'il existe un champ $f' : Y \to X$ tel que $f \circ f' = 1_Y$ et $f' \circ f = 1_X$ (resp. $f \circ f' \sim 1_Y$ et $f' \circ f \sim 1_X$) . Dans le premier cas, nous écrivons $X \sim Y$ et disons que X et Y sont *équivalents*; dans le second cas X et Y sont dits *homotopiquement équivalents* et nous écrivons $X \underset{h}{\sim} Y$.

REMARQUE. On peut montrer qu'il existe deux objets équivalents X et Y dans L tels que $\pi_1(E-X) = 0$ et $\pi_1(E-Y) \neq 0$.

2. Théories de la cohomologie en dimension infinie

Nous commençons par rappeler le théorème suivant prouvé par J. Leray (avec l'aide du degré): si X et Y sont deux objets équivalents de la catégorie de Leray-Schauder L , alors leurs complémentaires $E-X$ et $E-Y$ ont le même nombre de composantes. Ce théorème nous amène à poser la question suivante: *si* X *et* Y *sont deux objets équivalents (ou plus généralement homotopiquement équivalents) de* L , *est-ce que les groupes d'homologie* $H_n(E-X)$ *et* $H_n(E-Y)$ *sont isomorphes pour chaque* n ?

La théorie du degré de Leray-Schauder n'est pas adaptée au traitement de ce problème; un outil de caractère essentiellement algébrique est nécessaire. Nous sommes ainsi conduits aux théories de cohomologie de dimension infinie.

(2.1) DÉFINITION. Une théorie de cohomologie de dimension infinie sur L est la donnée d'une suite de foncteurs contravariants $\{H^{\infty-n}(X,A)\}$ des paires de L dans la catégorie des groupes abéliens et d'une suite de transformations naturelles $\delta^{\infty-n} : H^{\infty-n}(A) \to H^{\infty-n+1}(X,A)$ satisfaisant les axiomes d'homotopie, d'exactitude et d'excision forte; le groupe gradué $\{H^{\infty-n-1}(S)\}$, où S est la sphère unité de E , est le *groupe des coefficients* de la théorie.

La question se pose de savoir si de telles théories existent. La réponse est "oui"; plus précisément, nous avons:

(2.2) THÉORÈME. *A toute théorie de cohomologie (généralisée) sur la catégorie des polyèdres finis correspond une théorie de cohomologie sur* L *avec le même groupe de coefficients; de plus, l'assignation* $H^* \to H^{\infty-*}$ *est naturelle par rapport aux fonctions des théories.*

Ainsi, en particulier, à tout spectre A au sens de G. Whitehead [E, 1962], correspond $\{H^{\infty-*}(\ ,A)\}$ qui est appelée la théorie de cohomologie sur L avec coefficients dans A . Si $A = K(\pi)$ est le spectre d'Eilenberg-MacLane correspondant au groupe abélien π , alors nous obtenons la théorie de *cohomologie "ordinaire"* sur L avec coefficients dans π . Si $A = S$ est le spectre des sphères, alors la théorie correspondante notée $\Sigma^{\infty-*}$ est appelée la *cohomotopie stable* sur L . La fonction de Hopf-Hurewicz $h : S \to K(Z)$ induit une transformation naturelle h^* de $\Sigma^{\infty-*}$ dans $H^{\infty-*}(\ ;Z)$.

La construction de $H^{\infty-n}$

Essayons maintenant de donner une idée générale de la façon dont les cohomologies de dimension infinie sont définies. Supposons pour simplifier que nous commençons avec la cohomologie ordinaire de Čech $H^* = \{H^q, \delta^q\}$ pour les compacts avec coefficients dans G . Nous voulons définir $H^{\infty-n}(X)$ pour un objet X dans L . Nous prenons l'ensemble filtrant (pour l'inclusion) $L_X = \{L_\alpha, L_\beta, L_\gamma, \ldots\}$ de tous les sous-espaces de dimension finie de E tels que $X_\alpha = X \cap L_\alpha$ soit non vide pour tout α et nous fixons une orientation pour chaque L_α . Posons $d(\alpha) = \dim L_\alpha$ et écrivons $\alpha \leq \beta$ au lieu de $L_\alpha \subset L_\beta$. Nous observons que, étant donné $\alpha \leq \beta$ avec $d(\beta) = d(\alpha) + 1$, les orientations de L_α et L_β déterminent la triade $(L_\beta, L_\beta^+, L_\beta^-)$ avec $L_\alpha = L_\beta^+ \cap L_\beta^-$ et, donc, la triade $(X_\beta, X_\beta^+, X_\beta^-)$ avec $X_\alpha = X_\beta^+ \cap X_\beta^-$ (où $X_\beta^+ = X \cap L_\beta^+$ et $X_\beta^- = X \cap L_\beta^-$) . Maintenant, étant donné $\alpha \leq \beta$, nous définissons

$$\Delta_{\alpha\beta} : H^{d(\alpha)-n}(X_\alpha) \to H^{d(\beta)-n}(X_\beta)$$

comme suit: si $d(\beta) = d(\alpha) + 1$, $\Delta_{\alpha\beta}$ est l'homomorphisme de Mayer-Vietoris de la triade $(X_\beta, X_\beta^+, X_\beta^-)$, sinon, nous prenons une chaîne d'éléments consécutifs de L_X et nous définissons $\Delta_{\alpha\beta}$ comme étant la composition des homomorphismes de Mayer-Vietoris correspondants.

Il s'ensuit que si $U = E - X$, $\alpha \leq \beta$ et $i_{\alpha\beta} : U_\alpha \to U_\beta$ est l'injection canonique, alors nous avons le diagramme commutatif suivant

$$\begin{array}{ccc} H^{d(\alpha)-n}(X_\alpha) & \xrightarrow{\Delta_{\alpha\beta}} & H^{d(\beta)-n}(X_\beta) \\ \uparrow D_\alpha & & \uparrow D_\beta \\ H_{n-1}(U_\alpha) & \xrightarrow{(i_{\alpha\beta})_*} & H_{n-1}(U_\beta) \end{array}$$

dans lequel D_α et D_β sont les isomorphismes d'Alexander-Pontryagin appropriés, dans L_α et L_β respectivement.

On déduit que les groupes $\{H^{d(\alpha)-n}(X_\alpha);\Delta_{\alpha\beta}\}$ forment un système inductif de groupes abéliens et nous posons

$$H^{\infty-n}(X) = \varinjlim_{\alpha} \{H^{\infty-n}(X_\alpha);\Delta_{\alpha\beta}\} .$$

Il reste à définir l'homomorphisme induit $H^{\infty-n}(f) = f^*$ et à prouver ses propriétés fonctorielles; ceci est fait en deux étapes: d'abord, pour un champ compact f de dimension finie, puis pour un champ compact arbitraire. Dans la seconde et plus difficile étape, la propriété de continuité des foncteurs considérés joue un rôle crucial.

Théorèmes de dualité

Le passage à la limite dans le diagramme ci-dessus indique comment nous sommes conduits au résultat principal suivant: *Le groupe* $H^{\infty-n}(X)$ *est isomorphe au* (n-1)*-ième groupe d'homologie singulière* $H_{n-1}(U;G)$. On peut en fait démontrer un théorème plus général qui peut être considéré comme une extension au cas de dimension infinie de la théorie de la dualité due à G. Whitehead [E, 1962].

Notons (X,Y,Z) un triplet dans L et posons $U = E - X$, $V = E - Y$, $W = E - Z$.

(2.3) <u>THÉORÈME</u>. (<u>La dualité d'Alexander dans</u> E). *Soit* A *le spectre des sphères* S *ou le spectre d'Eilenberg-MacLane* $K(\pi)$. *Alors*

(i) *pour chaque paire* (X,Y) *la fonction de dualité* $D : H^{\infty-n}(X,Y;A) \to H_n(V,U;A)$ *existe;*

(ii) D *transforme la suite de cohomologie d'un triplet* (X,Y,Z) *en la suite d'homologie du triplet complémentaire* (W,V,U), *i.e. le diagramme suivant commute:*

$$\begin{array}{ccccccccc}
\cdots \to & H^{\infty-n}(X,Y;A) & \to & H^{\infty-n}(X,Z;A) & \to & H^{\infty-n}(Y,Z;A) & \to & H^{\infty-n+1}(X,Y;A) & \to \cdots \\
& \downarrow D & & \downarrow D & & \downarrow D & & \downarrow D & \\
\cdots \to & H_n(V,U;A) & \to & H_n(W,U;A) & \to & H_n(W,V;A) & \to & H_{n-1}(U,V;A) & \to \cdots
\end{array}$$

(iii) D *est naturelle par rapport à l'application de spectres de Hopf-Hurewicz* $h : S \to K(Z)$, *i.e. le diagramme suivant commute:*

$$\begin{array}{ccc}
\Sigma^{\infty-n}(X,Y) & \xrightarrow{h^*} & H^{\infty-n}(X,Y;Z) \\
\downarrow & & \downarrow \\
\Sigma_n(V,U) & \xrightarrow{h_*} & H_n(V,U;Z)
\end{array}$$

COROLLAIRES.

(2.4) (L'invariance d'Alexander-Pontryagin dans E). *La relation* $X \underset{h}{\sim} Y$ *dans* L *implique que* $H_{n-1}(E-X;\pi) \approx H_{n-1}(E-Y;\pi)$, *pour tout* $n \geq 1$ *et tout groupe de coefficients* π .

(2.5) (L'invariance de Spanier-Whitehead dans E). *La relation* $X \underset{h}{\sim} Y$ *dans* L *implique que* $\Sigma_{n-1}(E-X) \approx \Sigma_{n-1}(E-Y)$, *pour tout* $n \geq 1$.

Cette dualité, combinée avec le théorème d'Hurewicz en S-théorie, amène le théorème suivant:

(2.6) (Le théorème de Hopf). *Pour toute paire dans* L *le premier groupe non trivial de cohomotopie stable est isomorphe au premier groupe non trivial de cohomologie sur* Z . *Plus précisément, nous avons:*

(i) $\Sigma^{\infty-q}(X,Y) = 0 \iff H^{\infty-q}(X,Y;Z) = 0$ *pour tout* $0 \leq q < n$;

(ii) *si* $\Sigma^{\infty-n}(X,Y) = 0$ *pour* $0 \leq q < n$, *alors la fonction de Hopf* $h^* : \Sigma^{\infty-n}(X,Y) \to H^{\infty-n}(X,Y;Z)$ *est un isomorphisme.*

Représentabilité de la cohomotopie stable et codimension

Considérons des champs compacts d'un objet X de L dans l'ensemble ouvert $E - E_{n-1}$ et notons $\Pi^{\infty-n}(X)$ l'ensemble correspondant des classes d'homotopie.

(2.7) (Théorème de représentation). *Il existe un isomorphisme naturel entre* $\Pi^{\infty-n}(X)$ *et le groupe de cohomotopie stable* $\Sigma^{\infty-n}(X)$.

Pour les objets dans L on définit la codimension "de base" Codim en termes de problème de prolongement de champs compacts à valeurs dans $E - E_n$. Cette définition coïncide dans le cas de dimension finie avec la définition habituelle par un théorème de P. Alexandroff qui caractérise la dimension des compacts par des fonctions dans S^n . De plus, on définit diverses codimensions de cohomologie; en particulier, Codim_Z est définie en termes de la cohomologie ordinaire sur L avec coefficients dans Z .

(2.8) THÉORÈME. $\mathrm{Codim} = \mathrm{Codim}_Z$.

La preuve de ce résultat utilise, entre autres, la représentabilité de la cohomotopie stable et le théorème du prolongement de l'homotopie.

3. Applications aux problèmes non linéaires

En utilisant les fonctions de cohomologie, nous pouvons étudier divers problèmes de prolongement dans L . Puis, avec l'aide de la notion de champ vectoriel essentiel, nous déduisons de nouveaux critères d'existence pour l'équation $x = F(x)$.

Champs compacts essentiels et inessentiels

Soit U un ouvert dans $E^{\infty-n}$ et soit $f : S \to U$ un champ compact; f est dit *inessentiel* si le diagramme

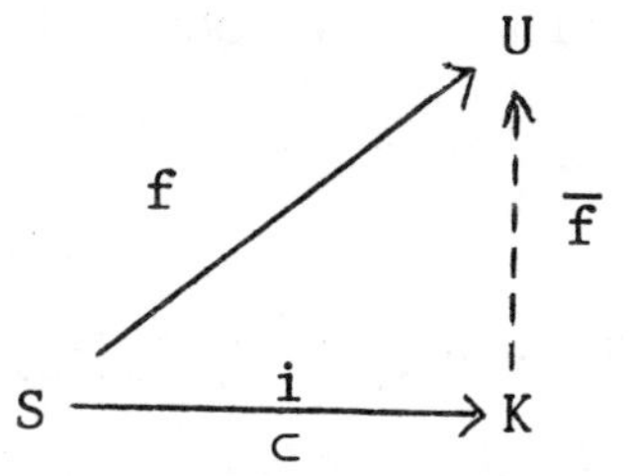

peut être complété dans la catégorie $\mathcal{C}$, i.e., s'il existe un champ compact $\bar{f} : K \to U$ avec $f = \bar{f}|S$; sinon, on dit que le champ f est *essentiel*.

D'après le théorème du prolongement de l'homotopie, il est clair que la propriété pour un champ f d'être essentiel dépend seulement de la classe d'homotopie de f . Plus précisément, nous avons:

(3.1) (Invariance homotopique). *Soient* $f,g : S \to U$ *deux champs homotopes. Si* f *est essentiel,* g *l'est aussi.*

REMARQUES. Soit $f : S \to E^{\infty-n} - \{0\}$ un champ compact arbitraire et soient

$$j : E^{\infty-n} - \{0\} \to U^{\infty-n}$$
$$i : E^{\infty-n} - \{0\} \to E^{\infty} - \{0\}$$

les injections canoniques. Alors

(i) f est essentiel si et seulement si le champ $j \circ f$ l'est;

(ii) le champ $i \circ f$ est inessentiel;

(iii) la restriction

$$f|S^{\infty-n} : S^{\infty-n} \to E^{\infty-n} - \{0\}$$

est inessentielle.

Le seul critère général connu pour déterminer si un champ est essentiel est donné par:

(3.2) (Le théorème de Borsuk sur les antipodes). *Si* $f : S \to E - \{0\}$ *est impair (i.e.,* $f(x) = -f(-x)$ *pour tout* $x \in S$*) , alors* *f est essentiel; en particulier l'injection canonique $j : S \to E - \{0\}$ est essentielle.*

<u>*Un critère algébrique*</u>

Soit $f : S \to E^{\infty-n} - \{0\}$ un champ compact. Nous pouvons traiter f comme un champ à valeurs dans $T^{\infty-n}$ où $T^{\infty-n}$ est une couronne, i.e. nous pouvons écrire

$$f : S \to T^{\infty-n} .$$

Considérons l'homomorphisme induit

$$f^* : \Sigma^{\infty-n-1}(T^{\infty-n}) \to \Sigma^{\infty-n-1}(S) .$$

(3.3) <u>THÉORÈME</u>. *Si l'homomorphisme induit f^* est non trivial, alors le champ f est essentiel.*

Supposons que $n = 0$. Alors

$$Z = \Sigma^{\infty-1}(T) \xrightarrow{f^*} \Sigma^{\infty-1}(S) = Z$$

et $f^*(1) = \gamma(f) \cdot 1$; il est clair que $f^* \neq 0$ si et seulement si l'entier $\gamma(f)$ (appelé *caractéristique de Leray-Schauder* de f) est différent de zéro. Comme conséquence de ce résultat, nous obtenons:

(3.4) (<u>Le théorème de Leray-Schauder</u>). *Un champ $f : S \to E - \{0\}$ est essentiel si et seulement si $\gamma(f) \neq 0$.*

De plus, en utilisant le théorème de représentation, nous obtenons:

(3.5) (Le théorème de classification de Rothe-Hopf). *Deux champs compacts* $f,g : S \to E - \{0\}$ *sont homotopes si et seulement si* $\gamma(f) = \gamma(g)$.

REMARQUES. 1° Dans le cas $n = 0$, on peut utiliser le foncteur de cohomologie $H^{\infty-1}(\ ,Z)$ au lieu de $\Sigma^{\infty-1}$. Pour $n > 0$, la cohomologie ordinaire ne peut fournir aucune information car nous avons toujours $f^* = 0$.

2° Les groupes $\Sigma^{\infty-m}(T^{\infty-n}) \approx \Sigma^{\infty-m}(S^{\infty-n})$ sont isomorphes aux groupes d'homotopie stables de sphères (cf. Gęba [E, 1964]). Dans le cas considéré ci-dessus

$$\Sigma^{\infty-n-1}(T^{\infty-n}) \approx \Sigma_m(S^m) \approx Z$$

$$\Sigma^{\infty-n-1}(S) \approx \Sigma_{m+n}(S^m) .$$

3° D'après la remarque 2°, le critère algébrique ci-dessus n'a d'intérêt que dans les cas où le groupe $\Sigma_{m+n}(S^m)$ est non trivial. (Par exemple, pour $n = 1,2,3,6,7,8$ mais pas pour $n = 4,5$.)

L'équation $x = F(x)$ (*Le cas de Leray-Schauder*)

Supposons que

$$F : K \to E$$

est une fonction compacte et que nous sommes intéressés à la résolution de l'équation

(1) $$F(x) = x$$

ou, de façon équivalente,

(2) $$f(x) = x - F(x) = 0 \; .$$

Pour traiter (2), nous pouvons supposer que

(3) $$f(x) \neq 0 \quad \text{pour} \quad x \in S \; .$$

L'hypothèse (3) permet de considérer f sur S comme un champ compact

$$\overline{f} : S \to E - \{0\}$$

à valeurs dans $E - \{0\}$.

Si $\overline{f}$ est essentiel, alors l'équation (2) *a une solution.*

L'équation $x = F(x)$ *(Le cas de Hopf)*

Si la caractéristique de Leray-Schauder $\gamma(\overline{f})$ de $\overline{f}$ est zéro, alors, en général, l'équation (1) n'a pas de solutions. Néanmoins, il est encore possible de prouver l'existence de solutions de (1) *à condition d'avoir des informations supplémentaires sur* f .

Pour expliquer ceci, considérons d'abord le cas simple où $\dim E = 4$ et $n = 1$; alors, $K = K^4$, $S = S^3$, $E^{\infty-1} = R^3$ et $\tilde{f} : S^3 \to R^3 - \{0\}$. En posant

$$\phi(x) = \frac{\tilde{f}(x)}{\|\tilde{f}(x)\|} \quad \text{pour} \quad x \in S^3$$

on obtient une fonction $\phi : S^3 \to S^2$. Il est clair que f est essentiel si et seulement si ϕ n'est pas homotope à une fonction constante (par exemple si ϕ est homotope à la fonction de Hopf de S^3 dans S^2) ; dans ce cas, si

$f(K^4) \subset R^3$, alors l'équation (2) a une solution.

Venons-en au cas de dimension infinie. Supposons

(4) $$f(K) \subset E^{\infty-n} .$$

Les hypothèses (3) et (4) permettent de considérer f sur S comme un champ compact

$$\tilde{f} : S \to E^{\infty-n} - \{0\}$$

à valeurs dans $E^{\infty-n} - \{0\}$.

Si la condition (4) *est satisfaite et si* $\tilde{f} : S \to E^{\infty-n} - \{0\}$ *est essentiel, alors l'équation* (2) *et donc* (1) *a au moins une solution.*

COMMENTAIRES

Chapitre 1. En dehors de la notion des espaces approchables dans le sens de Fournier-Granas (C, 1973), tout le matériel de ce chapitre préliminaire est bien connu et classique. Pour les notions de la section 1, nous renvoyons à S.T. Hu (A, 1965).

Chapitre 2. Les deux premières sections de ce chapitre contiennent un résumé très bref de certains résultats fondamentaux de la théorie des rétractes et des espaces d'extension. Pour les démonstrations, nous renvoyons aux livres de K. Borsuk (A, 1967), S. Lefschetz (A, 1942) et S.T. Hu (A, 1965). Par contre, le contenu de la section 3 ne semble pas figurer dans la littérature. La notion des espaces d'extension approximatifs a été suggérée par L. Waelbroeck pendant la session 1973 du Séminaire de mathématiques supérieures (Montréal). Le "Théorème de Hanner" pour $A_H NES(\text{compact})$ est dû à G. Fournier (non publié). Les ANR approximatifs ont été considérés antérieurement par Noguchi (A, 1953) et Clapp (A, 1971).

Chapitre 3. Les fonctions éventuellement compactes et asymptotiquement compactes ont été étudiées par E. Browder (cf. Browder (C, 1970), où on peut trouver d'autres références); pour les fonctions d'attraction compacte cf. Fournier (C, 1975) . L'exposé des résultats des sections 3 et 4 est proche de celui de Fournier (C, 1975).

Chapitre 4. Pour (2.1) et (2.2) cf. Dugundji (C, 1965), p. 414, et Fournier-Granas (C, 1973). Les théorèmes (5.4) et (5.5) sont ici énoncés pour la première fois.

Chapitre 5. La théorie de la trace et du nombre de Lefschetz généralisée est due à J. Leray (C, 1959) (cf. aussi C. Bowszyc (C, 1969), où la caractéristique d'Euler-Poincaré d'une application est introduite).

Chapitre 6. L'exposé de la section 1 est proche de celui de Granas (E, 1969-1970). Le théorème (2.3) est démontré pour l'homologie singulière dans G. Fournier (E, 1975); la méthode de démonstration de (2.3), qui utilise (2.2), est énoncée ici pour la première fois. Pour (3.6), voir Jaworowski-Powers (C, 1969). Les premiers résultats préliminaires dans la théorie asymptotique sont dus à I. Bernstein (C, 1957), D. Bourgin (C, 1957) et J. Leray (D, 1945). Une étude systématique a été initiée par Browder (C, 1970), (C, 1974) et développée par Fournier (1975). La notion d'un point fixe attractif semble revenir à Schreier-Ulam (Studia Math. V., p. 155) et celle de l'attracteur compact à Göhde (C, 1964).

Chapitre 7. Les résultats généraux du type de ceux des sections 2 et 3 se trouvent dans Granas (C, 1967), Jaworowski-Powers (C, 1969) et Fournier-Granas (C, 1973). Les résultats plus spéciaux ont été donnés antérieurement par Göhde (C, 1964) et Browder (C, 1965). Les théorèmes (4.1) et (4.2) sont ici énoncés pour la première fois.

Chapitre 8. Les théorèmes (1.3) et (1.4) sont ici énoncés pour la première fois. Pour (1.1) cf. Dugundji (A, 1958) et pour (1.2) cf. Bothe (A, 1963). Le théorème (2.4) a été donné par Granas (C, 1968); pour des généralisations, voir Clapp (A, 1971) et Borsuk (C, 1975). Les résultats des sections 3 et 4 sont dus à Bowszyc (C, 1968); le théorème du type de ceux du (4.5) a été donné pour ANR-compact dans Bourgin (D, 1955).

Chapitre 9. La référence principale pour ce chapitre est Bowszyc (C, 1969). Le premier résultat sur les points périodiques se trouve dans Fuller (C, 1954). Pour (3.7) cf. Hájek (C, 1964). D'autres résultats sur les points périodiques (utilisant des méthodes différentes) sont donnés dans Halpern (C, 1968); voir aussi Fadell (C, 1970).

Chapitre 10. La théorie de l'indice pour les polyèdres (et plus généralement les ANR compacts) est classique, et peut être trouvée dans Dold (D, 1965) et Brown (C, 1971). Pour des résultats plus généraux dans le cadre des espaces compacts on pourra consulter les travaux de Bourgin (D, 1956), Browder (D, 1950), Leray (D, 1945), (D, 1967) et Deleanu (D, 1959). La théorie de l'indice pour les ANR non compacts présentée dans ce chapitre se trouve dans Granas (D, 1972); pour une autre méthode de construction de la théorie de l'indice, cf. Granas (E, 1969-1970). Pour quelques-unes des applications de la théorie de l'indice, cf. Amann (F, 1976), Leray (F, 1950), Peitgen (F, 1976), (F, 1977).

Chapitre 11. Les extensions des invariants topologiques autre que le degré de Brouwer (tels les nombres de Betti, etc.) au cas de la dimension infinie ont été initiées par J. Leray (cf. le rapport de J. Schauder (F, 1935) à la Conférence de topologie, Moscou, 1935); cependant les résultats correspondants n'ont jamais été publiés.

En 1962, K. Gęba, dans sa thèse (cf. Gęba (E, 1962), (E, 1964)) a construit la première théorie de cohomologie en dimension infinie: il a étendu aux espaces de Banach la théorie des groupes de cohomotopie de Borsuk et aussi celle de la dualité de Spanier-Whitehead. Quelques-unes des techniques utilisées dans ce travail (et basées sur le théorème du prolongement de l'homotopie pour les champs compacts) avaient été développées antérieurement dans Granas (E, 1959), (E, 1962), (E, 1962b). Des extensions au cas de dimension infinie de cohomologie ordinaire ont été étudiées plus tard dans Gęba-Granas (E, 1965-1972).

Une étude unifiée et systématique des théories générales de cohomologie en dimension infinie (tenant compte des travaux importants de G. Whitehead) se trouve dans Gęba-Granas (E, 1973). Quant aux applications de la cohomologie en dimension infinie aux problèmes d'analyse, on peut consulter Nirenberg (F, 1970),(F, 1974) et Ize (F, 1976), ainsi que l'appendice de K. Gęba à la fin de ces notes.

BIBLIOGRAPHIE

A. Théorie des rétracts

ARENS, R.F., EELLS, J., *On embedding uniform and topological spaces*, Pacific J. Math. 6 (1956), 397-403.

BORSUK, K., *Theory of retracts*, Monografie Matematyczne, Warszawa (1967).

BOTHE, H.G., *Eine Einbettung m-dimensionaler Mengen in einem (m+1)-dimensionalen absoluten Retrakt*, Fund. Math. 52 (1963), 209-224.

CLAPP, M.H., *On a generalization of absolute neighborhood retracts*, Fund. Math. 70 (1971), 117-130.

DUGUNDJI, J., *An extension of Tietze's theorem*, Pacific J. Math. 1 (1951), 353-367.

—— *Absolute neighbourhood retracts and local connectedness in arbitrary metric spaces*, Compositio Math. 13 (1958), 229-246.

—— *Locally equiconnected spaces and absolute neighborhood retracts*, Fund. Math. 57 (1965), 187-193.

HANNER, O., *Retraction and extension of mappings of metric and non-metric spaces*, Ark. Mat. 2 (1952), 315-360.

HU, S.T., *Theory of retracts*, Wayne State University Press, Detroit (1965).

LEFSCHETZ, S., *Topics in topology*, Annals of Math. Studies 10, Princeton Univ. Press, Princeton (1942).

MICHAEL, E., *Some extension theorems for continuous functions*, Pacific J. Math. 3 (1953), 789-806.

NOGUCHI, H., *A generalization of absolute neighborhood retracts*, Kodai Math. Sem. Rep. 1 (1953), 20-22.

B. Espaces de point fixe

BING, R.H., *The elusive fixed point property*, Amer. Math. Monthly 76 (1969), 119-131.

BREDON, G., *Some examples for the fixed point property*, Pacific J. Math. 38 (1971), 571-575.

BORSUK, K., *Sur un continu acyclique qui se laisse transformer topologiquement en lui-même sans points invariants*, Fund. Math. 24 (1934), 51-58.

FADELL, E., *Some examples in the fixed point theory of polyhedra*, Pacific J. Math. 33 (1970), 89-100.

KLEE, V., *An example related to the fixed-point property*, Nieuw. Arch. Wisk. 8 (1960), 81-82.

KINOSHITA, S., *On some contractible continua without the fixed point property*, Fund. Math. 40 (1953), 96-98.

KNILL, R.J., *Cone, products and fixed points*, Fund. Math. 60 (1967), 35-46.

LOPEZ, W., *An example in the fixed point theory of polyhedra*, Bull. Amer. Math. Soc. 13 (1967), 922-924.

C. Espaces de Lefschetz

BERNSTEIN, I., *Periodic solutions of non-linear systems with a small parameter*, Dokl. Akad. Nauk SSSR 113 (1957), 9-12.

BROWDER, F.E., *Fixed point theorems on infinite dimensional manifolds*, Trans. Amer. Math. Soc. 119, 2 (1965), 179-194.

—— *Asymptotic fixed point theorems*, Math. Ann. 185 (1970), 38-60.

—— *Some new asymptotic fixed point theorems*, Proc. Nat. Acad. Sci. 71 (1974), 2734-2735.

BORSUK, K., *On the Lefschetz-Hopf fixed point theorem for nearly extendable maps*, Bull. Acad. Polon. Sci. 23 (1975), 1273-1279.

BOURGIN, D.G., *Fixed points on neighborhood retracts*, Revue Math. Pures Appl. 2, Hommage à S. Stotlow (1957), 371-374.

BOWSZYC, C., *Fixed point theorems for the pairs of spaces*, Bull. Acad. Polon. Sci. 16 (1968), 845-850.

—— *Some theorems in the theory of fixed points*, Doctoral Dissertation, University of Warsaw (1969).

—— *On the Euler-Poincaré characteristic of a map and the existence of periodic points*, Bull. Acad. Polon. Sci. 17 (1969), 367-372.

BROWN, R.F., *The Lefschetz fixed point theorem*, Scott, Foresman and Co., Glenview Ill., London (1971).

—— *On some old problems of fixed point theory*, Rocky Mountain J. Math. 4 (1974), 3-14.

DUGUNDJI, J., *Topology*, Allyn and Bacon, Inc., Boston (1965).

FADELL, E., *Recent results in the fixed point theory of continuous maps*, Bull. Amer. Math. Soc. 1 (1970), 10-29.

FOURNIER, G., *Généralisations du théorème de Lefschetz pour des espaces non compacts* I, II, III, Bull. Acad. Polon. Sci. 23 (1975), 693-711.

FOURNIER, G., et GRANAS, A., *The Lefschetz fixed point theorem for some classes of non-metrizable spaces*, J. Math. Pures Appl. 52 (1973), 271-284.

FULLER, F.B., *The existence of periodic points*, Ann. Math. 59 (1954), 229-230.

GÖHDE, D., *Über Fixpunkte bei stetigen Selbstabbildungen mit kompakten Iterierten*, Math. Nachr. 28 (1964), 45-55.

GRANAS, A., *Generalizing the Hopf-Lefschetz fixed point theorem for non-compact* ANR-*s*, Proc. Symp. on Infinite Dimensional Topology, Baton Rouge, 1967, Ann. Math. Studies, Princeton Univ. Press (1972).

—— *Fixed point theorems for the approximative* ANR-*s*, Bull. Acad. Polon. Sci. 16 (1968), 15-19.

HÁJEK, O., *Homological fixed point theorems* I-III, Comment. Math. Univ. Carolin. 5 (1964), 13-31; 5 (1964), 85-92; 6 (1965), 157-164.

HALPERN, B., *Fixed points for iterates*, Pacific J. Math. 25 (1968), 255-275.

JAWOROWSKI, J.W., et POWERS, M.J., *Λ-spaces and fixed point theorems*, Fund. Math. 64 (1969), 157-162.

KNILL, R.J., *Q-simplicial spaces*, Illinois J. Math. 14 (1970), 40-51.

—— *The Lefschetz fixed point theorem for noncompact locally connected spaces*, Trans. Amer. Math. Soc. 174 (1972), 185-198.

LEFSCHETZ, S., *Algebraic topology*, Amer. Math. Soc. Coll. Pub. 27 (1942), New York.

LERAY, J., *Théorie des points fixes: Indice total et nombre de Lefschetz*, Bull. Soc. Math. France 87 (1959), 221-233.

NUSSBAUM, R.D., *Asymptotic fixed point theorems*, Math. Ann. 185 (1970), 38-60.

—— *The fixed point index for local condensing maps*, Ann. Mat. Pura Appl. 89 (1971), 217-258.

—— *Asymptotic fixed point theorems for local condensing maps*, Math. Ann. 191 (1971), 181-195.

STEINLEIN, H., *Borsuk-Ulam Sätze und Abbildungen mit kompakten Iterierten*, Habilitationsschrift, München (1976).

THOMPSON, R.B., *A unified approach to local and global fixed point indices*, Adv. in Math. 3 (1969), 1-71.

D. Indice de point fixe

BROWDER, F.E., *On the fixed point index for continuous mappings of locally connected spaces*, Summa Brasil. Math. 4 (1960), 253-293.

BOURGIN, D.G., *Un indice dei punti uniti*, I, II, III, Atti Acad. Naz. Lincei 19 (1955), 435-440; 20 (1956), 43-48; 21 (1956), 395-400.

BROWN, R.F., *An elementary proof of the uniqueness of the fixed point index*, Pacific J. Math. 35 (1970), 549-558.

—— *Notes on Leray's index theory*, Adv. in Math. 7 (1971), 1-28.

DELEANU, A., *Théorie des points fixes sur les rétractes de voisinage des espaces convexoides*, Bull. Soc. Math. France 87 (1959), 235-243.

—— *Théorie des points fixes: Commutativité de l'indice total*, Bull. Soc. Math. France 91 (1963), 285-288.

DOLD, A., *Fixed point index and fixed point theorem for Euclidean neighborhood retracts*, Topology 4 (1965), 1-8.

—— *Lectures on Algebraic Topology*, Springer-Verlag, Berlin-Heidelberg-New York (1972).

GRANAS, A., *Some theorems of fixed point theory, The Leray-Schauder Index and the Lefschetz Number*, Bull. Acad. Polon. Sci. 17 (1969), 131-137.

—— *Topics in infinite dimensional topology*, Séminaire Jean Leray, Collège de France (1969-1970).

—— *The Leray-Schauder Index and the fixed point theory for arbitrary ANR-s*, Bull. Soc. Math. France 100 (1972), 209-228.

KLEE, V., *Leray-Schauder theory without local convexity*, Math. Ann. 141 (1960), 286-296.

LERAY, J., *Sur la forme des espaces topologiques et sur les points fixes des représentations*, J. Math. Pures Appl. 24 (1945), 95-167.

—— *Sur la position d'un ensemble fermé de points d'un espace topologique*, J. Math. Pures Appl. 24 (1945), 169-199.

—— *Sur les équations et les transformations*, J. Math. Pures Appl. 24 (1945), 201-248.

—— *Fixed point index and Lefschetz number*, Proc. Symp. Infinite Dimensional Topology, Baton Rouge 1967, Ann. Math. Studies, Princeton Univ. Press (1972).

LERAY, J., et SCHAUDER, J., *Topologie et équations fonctionnelles*, Ann. Ecole Norm. Sup. 3 (1934), 45-78.

NAGUMO, M., *Degree of mapping in convex linear topological spaces*, Amer. J. Math. 73 (1951), 497-511.

O'NEILL, B., *Essential sets and fixed points*, Amer. J. Math. 75 (1953), 497-509.

E. Théories de la cohomologie en dimension infinie

GĘBA, K., *Sur les groupes de cohomotopie dans les espaces de Banach*, C.R. Acad. Sci. Paris 254 (1962), 3293-3295.

—— *Algebraic topology methods in the theory of compact fields in Banach spaces*, Fund. Math. 54 (1964), 177-209.

GĘBA, K. et GRANAS, A., *Algebraic topology in linear normed spaces*, I-V, Bull. Acad. Polon. Sc. 13 (1965), 287-290; 13 (1965), 341-346; 15 (1967), 137-143; 15 (1967), 145-152; 17 (1969), 123-130.

—— *On cohomology theory in linear normed spaces*, Proc. Symp. Infinite Dimensional Topology, Baton Rouge 1967, Ann. Math. Studies, Princeton Univ. Press (1972).

GĘBA, K., et GRANAS, A., *Infinite dimensional cohomology theories*, J. Math. Pures Appl. 52 (1973), 145-270.

GRANAS, A., *Homotopy extension theorem in Banach spaces and some of its applications to the theory of non-linear equations* (Russian with English summary), Bull. Acad. Polon. Sci. 7 (1959), 387-394.

— *Sur la multiplication cohomotopique dans les espaces de Banach*, C.R. Acad. Sci. Paris 254 (1962), 56-57.

— *The theory of compact vector fields and some of its applications to topology of functional spaces*, I, Rozprawy Matematyczne 30, Warszawa (1962).

LERAY, J., *Topologie des espaces abstraits de M. Banach*, C.R. Acad. Sci. Paris 200 (1935), 1083-1093.

LERAY, J., et SCHAUDER, J., *Topologie et équations fonctionnelles*, Ann. Ecole Norm. Sup. 3 (1934), 45-78.

WHITEHEAD, G.W., *Generalized homology theories*, Trans. Amer. Math. Soc. 102 (1962), 227-283.

F. Applications

AMANN, H., *Fixed point equations and nonlinear eigenvalue problems in ordered Banach spaces*, SIAM Rev. 18 (1976), 620-709.

IZE, G.A., *Bifurcation theory for Fredholm operators*, Mem. Amer. Math. Soc. 174, Providence, 1976.

LERAY, J., *La théorie des points fixes et ses applications en analyse*, Proc. Int. Congress Math., Cambridge, Mass., 2 (1950), 202-208.

NIRENBERG, L., *An application of generalized degree to a class of non-linear problems*, Troisième colloque d'analyse fonctionnelle, Liège, Sept. 1970.

— *Topics in nonlinear functional analysis*, New York University Lecture Notes, 1974.

PEITGEN, H.O., *Some applications of the fixed point index in asymptotic fixed point theory*, Proc. Conf. on Fixed Point Theory, Halifax, N.S., (1975), Academic Press, N.Y., (1976).

— *On continua of periodic solutions for functional differential equations*, Rocky Mountain J. Math. 7 (1977), 609-617.

SCHAUDER, J., *Einige Anwendungen der Topologie der Funktionalräume*, Recueil mathématique 1 (1936), 747-753.

BIBLIOGRAPHIE SUPPLÉMENTAIRE

G. Autres généralisations de la théorie du degré de Leray-Schauder

BROWDER, F.E., et NUSSBAUM, R., *The topological degree for noncompact nonlinear mappings in Banach spaces*, Bull. Amer. Math. Soc. 74 (1968), 671-676.

BROWDER, F.E., et PETRYSHYN, W.V., *Approximation methods and the generalized topological degree for nonlinear mappings in Banach spaces*, J. Funct. Anal. 3 (1969), 217-245.

ELWORTHY, K.D., et TROMBA, A.J., *Differential structures and Fredholm maps on Banach manifolds*, Proc. Symp. Pure Math., vol. 15, Amer. Math. Soc., Providence (1970), 45-95.

—— *Degree theory on Banach manifolds*, Proc. Symp. Pure Math., vol. 18, Amer. Math. Soc., Providence (1970), 86-94.

GĘBA, K., *Fredholm σ-proper maps in Banach spaces*, Fund. Math. 64 (1969), 341-373.

—— *The Leray-Schauder degree and framed bordism*, dans: *La théorie des points fixes et ses applications à l'analyse*, Séminaire de Mathématiques Supérieures, vol. 58, Les Presses de l'Université de Montréal (1975).

HOLM, P., et SPANIER, E., *Compact perturbations and degree theory*, The Steenrod Algebra and its Applications, 75-89. Lecture Notes in Mathematics, Vol. 168, Springer, Berlin (1970).

MUKHERJEA, K., *Cohomology theory for Banach manifolds*, J. Math. Mech. 19 (1970), 731-744.

SMALE, S., *An infinite dimensional version of Sard's theorem*, Amer. J. Math. 87 (1965), 861-866.

ŠVARC, A.S., *The homotopic topology of Banach spaces*, Soviet Math. Dokl. 5 (1964), 57-59.

H. Points fixes pour les applications multivoques

BOURGIN, D.G., *A degree for nonacyclic multi-valued transformations*, Bull. Amer. Math. Soc. 80 (1974), 59-61.

—— *A generalization of the mapping degree*, Can. J. Math. 26 (1974), 1109-1117.

BRYSZEWSKI, J., et GÓRNIEWICZ, L., *Multi-valued maps of subsets of Euclidean spaces*, Fund. Math. 90 (1976), 233-251.

CALVERT, B.D., *The local fixed point index for multi-valued transformations in a Banach space*, Math. Ann. 190 (1970), 119-128.

EILENBERG, S., et MONTGOMERY, D., *Fixed point theorems for multivalued transformations*, Amer. J. Math. 68 (1946), 214-222.

GÓRNIEWICZ, L., *On non-acyclic multi-valued mappings of subsets of Euclidean spaces*, Bull. Acad. Polon. Sci. 5 (1972), 165-170.

—— *Homological methods in fixed-point theory of multi-valued maps*, Dissertationes Mathematicae 129 (1976), 66 pages.

GÓRNIEWICZ, L., et GRANAS, A., *Fixed point theorems for multi-valued mappings of the absolute neighborhood retracts*, J. Math. Pures Appl. (9) 49 (1970), 381-395.

GRANAS, A., et JAWOROWSKI, J.W., *Some theorems on multi-valued mappings of subsets of the Euclidean space*, Bull. Acad. Sci. Ser. Sci. Math. Astronom. Phys., Vol. 7 (1959), 277-283.

JAWOROWSKI, J.W., *Set-valued fixed point theorems for approximative retracts*, Springer Lecture Notes Math. 171 (1970), 34-39.

LASRY, J.M., et ROBERT, R., *Analyse non-linéaire multivoque*, Cahiers de mathématiques de la décision, Université de Paris, IX.

POWERS, M., *Multi-valued mappings and Lefschetz fixed point theorems*, Proc. Cambridge Philos. Soc. 68 (1970), 619-630.

—— *Lefschetz fixed point theorem for a new class of multivalued maps*, Pac. J. Math. 42 (1972), 211-220.

Appendix

INFINITE DIMENSIONAL COHOMOLOGY AND BIFURCATION THEORY

by

Kazimierz Gęba

The aim of this appendix is to show how the infinite dimensional cohomology theory can be applied to bifurcation theory. We give an algebraic proof of three well-known results for compact operators which are due to Krasnosielski, Rabinowitz and Ize. The essential feature of the approach presented here is that it can also be used to get the analogous bifurcation results for more general classes of operators.

For details concerning infinite dimensional cohomology the reader is referred to chapter 11 of these Lecture Notes; for a survey and literature on bifurcation theory we refer to Marsden [JEM] and Nirenberg [LN] .

A. Remarks on $H^{\infty-*}$

In this section we formulate and prove some properties of infinite dimensional cohomology theory which will be used in section C.

We denote by E an infinite dimensional, real Banach space. Together with E we will consider the Banach space $E \times R$, with the norm defined by

$$\|(x,t)\| = \max(\|x\|,|t|) .$$

In what follows we identify E with $E \times \{0\}$. We denote by $H^{\infty-*}$ the ordinary cohomology theory with coefficients in Z (the group of integers) defined on $L(E \times R)$, the Leray-Schauder category corresponding to the space $E \times R$. For $r > 0$ we let

$$D(r) = \{x \in E \; ; \; \|x\| \leq r\}$$
$$S(r) = \{x \in E \; ; \; \|x\| = r\} .$$

Now fix $r, a_1, a_2 \in R$, $r > 0$, $a_1 < a_2$. Assume that U is an open and bounded subset of $E \times R$ satisfying the following condition

$$(*) \qquad U \cap (D(r) \times R) = D(r) \times (a_1, a_2) .$$

Let

$$X = U \cup \{\text{all bounded components of } E \times R \setminus \partial U \text{ different from } U\} .$$

By the Alexander duality we have $H^{\infty-1}(X) \cong Z$. For $i = 1,2$ let

$$(A_i, B_i) = (D(r), S(r)) \times \{a_i\} ,$$
$$C_i = \overline{X \setminus A_i} .$$

Let

$$\omega_i : H^{\infty-1}(A_i, B_i) \to H^{\infty-1}(X)$$

denote the composition of the excision isomorphism $H^{\infty-1}(A_i, B_i) \cong H^{\infty-1}(X, C_i)$ with the homomorphism $H^{\infty-1}(X, C_i) \to H^{\infty-1}(X)$ induced by the inclusion. Choose a generator $\beta \in H^{\infty-1}(D(r), S(r)) \cong Z$. The projection of $E \times R$ onto E

induces isomorphisms $H^{\infty-1}(D(r),S(r)) \cong H^{\infty-1}(A_i,B_i)$. We denote by β_i the generator of $H^{\infty-1}(A_i,B_i)$ corresponding to β under this isomorphism.

(A.1) <u>LEMMA</u>. ω_1 *and* ω_2 *are isomorphisms and*

$$\omega_1(\beta_1) = -\omega_2(\beta_2) .$$

<u>PROOF</u>. Let $V =$ interior of $D(r) \times (a_1,a_2)$, $X_1 = \partial V$, $X_2 = (X \cup U)\backslash V$. Define homomorphisms

$$\omega_{ij} : H^{\infty-1}(A_i,B_i) \to H^{\infty-1}(X_j) \quad \text{for } i,j = 1,2$$

in the same fashion as ω_i . Consider the following commutative diagram, in which horizontal homomorphisms are induced by inclusions:

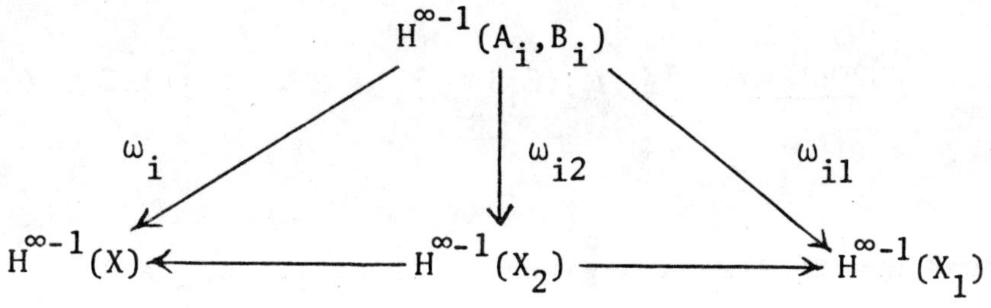

Since the horizontal homomorphisms are isomorphisms it suffices to prove $\omega_{11} = -\omega_{21}$. To do this let $a = (a_2 - a_1)/2$ and

$$A_+ = \{(x,t) \in X_1 \; ; \; t \geq a\} , \qquad A_- = \{(x,t) \in X_1 \; ; \; t \leq a\} .$$

Then $A_+ \cup A_- = X_1$, $A_+ \cap A_- = S(r) \times \{a\}$. Consider the following diagram in which Δ_+ (resp., Δ_-) denotes the Mayer-Vietoris homomorphism of the triad (X_1,A_+,A_-) (resp., (X_1,A_-,A_+)) and horizontal homomorphisms are defined by composing the isomorphisms $H^{\infty-2}(S(r) \times \{a\}) \cong H^{\infty-1}(D(r),S(r))$

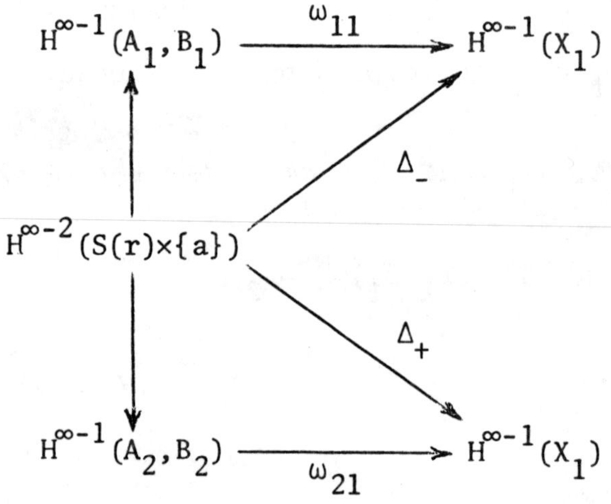

with the isomorphisms induced by the projection of $E \times R$ onto E . Since both triangles commute and $\Delta_+ = -\Delta_-$ the proof is finished.

Choose a generator $\alpha \in H^{\infty-1}(X) \cong Z$. Then from (A.1) we obtain

(A.2) <u>COROLLARY</u>. *If* $\omega_i(\beta_i) = k_i \cdot \alpha$, $i = 1,2$, *then* $k_1 \cdot k_2 = -1$.

Assume now that we are given $r, a_1, a_2, \ldots, a_{2p} \in R$, $r > 0$, $a_1 < a_2 < \ldots < a_{2p}$ and that an open and bounded subset U of $E \times R$ satisfies the condition

$$(\ast_\ast) \qquad U \cap (D(r) \times R) = D(r) \times \bigcup_{j=1}^{p} (a_{2j-1}, a_{2j}) .$$

Define A_i , B_i , C_i , ω_i and β_i as before. Then Lemma A.1 generalizes to the following

(A.3) <u>MAIN LEMMA</u>. ω_i *is an isomorphism for* $i = 1,\ldots,2p$. *Moreover, for* $j = 1,\ldots,p$,

$$\omega_{2j-1}(\beta_{2j-1}) = k_1\alpha , \qquad \omega_{2j}(\beta_{2j}) = k_2\alpha ,$$

where $k_1 \cdot k_2 = -1$.

B. <u>The group</u> $GL_c(E)$

Throughout this section E will denote a real, infinite dimensional Banach space. We will use the following notations:

$L(E)$ - the Banach algebra of all linear operations of E into itself;

I - the identity operation in E ;

$K(E)$ - the ideal of compact operations in $L(E)$;

$GL(E)$ - the group of all invertible operations in $L(E)$;

$L_c(E) = \{A \in L(E) ; A = I - B , B \in K(E)\}$;

$GL_c(E) = GL(E) \cap L_c(E)$.

Two closed subspaces E_1 , E_2 of E are *complementary* if every $x \in E$ can be uniquely written as $x = x_1 + x_2$, where $x_i \in E_i$, $i = 1,2$. In this case we write $E = E_1 \oplus E_2$. If $A \in L(E)$ then the decomposition $E = E_1 \oplus E_2$ defines a matrix

$$\begin{pmatrix} A_1^1 & A_1^2 \\ A_2^1 & A_2^2 \end{pmatrix}$$

where $A_i^j : E_j \to E_i$, $i,j = 1,2$.

(B.1) <u>DEFINITION</u>. Let $B \in K(E)$. A real number μ is called a *characteristic value* of B if $\mathrm{Ker}(I - \mu B) \neq \{0\}$.

Note that μ is a characteristic value of B if and only if $\frac{1}{\mu}$ is an eigenvalue of B. Therefore, by the Riesz-Schauder theorem, any closed interval contains only a finite number of characteristic values of B. For a characteristic value μ we let $L(\mu) = \bigcup_{k=1}^{\infty} \operatorname{Ker}(I - \mu B)^k$; $L(\mu)$ is called the *generalized kernel* of $I - \mu B$. Using the Riesz-Schauder theorem one can prove

(B.2) PROPOSITION. $\dim L(\mu) < \infty$.

Let, as before, $A = I - B \in GL_c(E)$. Denote by $\{\mu_1 < \dots < \mu_p\}$ the set of all characteristic values of B contained in $[0,1]$. Let $L = L(\mu_1) + \dots + L(\mu_p)$. L is a finite dimensional subspace of E and $B(L) \subset L$. Hence $L = L(\mu_1) \oplus \dots \oplus L(\mu_p)$. In what follows we call L the *main characteristic subspace* of B .

(B.3) THEOREM. *Let* $A = I - B \in GL_c(E)$. *Let* L *be the main characteristic subspace of* B . *Then for an arbitrary decomposition* $E = L \oplus N$ *there exists a continuous mapping* $\sigma : [0,1] \to GL_c(E)$ *such that*

(a) $\sigma(1) = A$,

(b) $\sigma(0) = \begin{pmatrix} C & 0 \\ 0 & I_n \end{pmatrix}$

where $Cx = Bx$ *for* $x \in L$ *and* $I_N \in L(N)$ *is the identity.*

Before giving the proof we list some well known facts which are used in the proof.

REMARKS.

1. Any finite dimensional subspace of E is closed.

2. If L is a finite dimensional subspace of E, then there exists a closed subspace N such that $E = L \oplus N$.

3. A closed subspace $N \subset E$ is called *finite codimensional* if there exists finite dimensional subspace L such that $E = L \oplus N$.

4. If N is a closed finite codimensional subspace of E and $E = L_1 \oplus N$, $E = L_2 \oplus N$, then L_1, L_2 are finite dimensional and $\dim L_1 = \dim L_2$. Therefore codimension of N is well defined by $\operatorname{codim} N = \dim L_1$.

5. If N is a closed finite codimensional subspace of E and L is a finite dimensional subspace of E, then $\dim L = \operatorname{codim} N$, $L \cap N = 0$ imply $E = L \oplus N$.

6. (Riesz-Schauder). If $A = I - B \in L_c(E)$, then $A(E)$ is a closed finite codimensional subspace of E and $\operatorname{codim} A(E) = \dim \operatorname{Ker} A$ (in other words, A is a Fredholm operator of index 0).

7. If N is a closed finite codimensional subspace of E and $A = I - B \in L_c(E)$, then $N \cap \operatorname{Ker} A = \{0\}$ implies that $A(N)$ is a closed finite codimensional subspace and $\operatorname{codim} A(N) = \operatorname{codim} N$.

(B.4) LEMMA. *Let* $A = I - B \in L_c(E)$. *Assume we are given a decomposition* $E = L \oplus N$ *such that* L *is a finite dimensional subspace and* $A^{-1}(L) \subset L$, $N \cap \operatorname{Ker} A = \{0\}$. *Then* $E = L \oplus A(N)$.

PROOF. By Remark 7, $A(N)$ is a closed finite codimensional subspace and $\operatorname{codim} A(N) = \operatorname{codim} N$. Thus, in view of Remark 5, it suffices to show that $L \cap A(N) = \{0\}$. Assume $y \in L \cap A(N)$, hence $y = Ax$, where $x \in N$. Since $Ax \in L$ then $A^{-1}(L) \subset L$ implies $x \in L$. Thus $x = 0$, $y = Ax = 0$ and the proof is completed.

<u>PROOF of Theorem</u> (B.3). Denote by P , Q the projections corresponding to the decomposition $E = L \oplus N$. Let

$$\sigma(\mu) = (I - B)P + (I - \mu B) \cdot Q .$$

Clearly $\sigma : [0,1] \to L_c(E)$ is continuous and

$$\sigma(1) = A , \qquad \sigma(0) = \begin{pmatrix} C & 0 \\ 0 & I_N \end{pmatrix} .$$

It remains to prove $\sigma(\mu) \in GL_c(E)$. Consider the following two cases.

<u>Case 1.</u> $\mu \neq \mu_i$. Then $(I - \mu B) \in GL_c(E)$. Hence

$$\begin{aligned} E &= (I - \mu B)(E) = (I - \mu B)(L) \oplus (I - \mu B)(N) \\ &= L \oplus (I - \mu B)(N) = \sigma(\mu)(L) \oplus \sigma(\mu)(N) . \end{aligned}$$

Thus $\sigma(\mu)$ is surjective and by Riesz-Schauder (Remark 6) belongs to $GL_c(E)$.

<u>Case 2.</u> $\mu = \mu_i$. Let

$$\hat{L}_i = L(\mu_1) \oplus \ldots \oplus L(\mu_{i-1}) \oplus L(\mu_{i+1}) \oplus \ldots \oplus L(\mu_p)$$

and

$$N_i = \hat{L}_i \oplus N .$$

Applying Lemma (B.4) to the decomposition $E = L(\mu_i) \oplus N_i$ and the operator $I - \mu_i B$ we obtain $E = L(\mu_i) \oplus (I - \mu_i B(N_i))$. On the other hand

$$(I - \mu_i B)(N_i) = (I - \mu_i B)(\hat{L}_i \oplus N)$$
$$= (I - \mu_i B)(\hat{L}_i) \oplus (I - \mu_i B)(N)$$
$$= \hat{L}_i \oplus (I - \mu_i B)(N) .$$

Thus $E = L \oplus (I - \mu_i B)(N)$, hence $\sigma(\mu_i)$ is surjective. Once again, by Remark 6, $\sigma(\mu_i) \in GL_c(E)$. This completes the proof of the theorem.

From Theorem (B.3) it follows that $GL_c(E)$ has at most two components. It turns out that $GL_c(E)$ has exactly two components. We will obtain this as a consequence of the next proposition.

Consider $A \in GL_c(E)$ such that

$$A = \begin{pmatrix} C & 0 \\ 0 & I_N \end{pmatrix}$$

with respect to a decomposition $E = L \oplus N$, where L is a finite dimensional subspace of E. Let $f(x) = Ax - g(x)$, where $g : D(r) \to E$, $D(r) = \{x \in E ; \|x\| < r\}$. Assume that

$$\|g(x)\| < \|Ax\| \quad \text{for} \quad x \in D(r) .$$

Thus there exists $\rho > 1$ such that

$$f : (D(r),S(r)) \to (D(\rho),R(\rho)) ,$$

where

$$S(r) = \{x \in E ; \|x\| = r\} , \qquad R(\rho) = \{x \in E ; \frac{1}{\rho} \le \|x\| \le \rho\} .$$

Note that as a map from $(D(r),S(r))$ into $(D(\rho),R(\rho))$, f is homotopic in

$L(E)$ to A . Let $H^{\infty-*}$ denote the ordinary cohomology theory with coefficients in Z on the category $L(E)$. Without loss of generality we may assume $\frac{1}{\rho} \leq r$. Then choose generators $\alpha \in H^{\infty}(D(r),S(r)) \cong Z$, $\gamma \in H^{\infty}(D(\rho),R(\rho)) \cong Z$ such that $i^*(\gamma) = \alpha$, where $i : (D(r),S(r)) \to (D(\rho),R(\rho))$ is the inclusion. From the definition of $H^{\infty-*}$ and all the assumptions we have

(B.5) PROPOSITION. $f^*(\gamma) = (\text{sign det } C) \cdot \alpha$.

Now Theorem (B.3) and Proposition (B.5) imply

(B.6) THEOREM. $GL_c(E)$ *has exactly two components.*

C. Bifurcations

As before E denotes a real, infinite dimensional Banach space. Consider the equation

$$(*) \qquad f(x,\mu) = 0$$

where $f : E \times R \to E$ satisfies the following assumptions

(i) $f(x,\mu) = x - \mu Bx - g(x,\mu)$,

(ii) $B \in K(E)$,

(iii) $g : E \times R \to E$ is completely continuous (i.e., g is continuous and $\overline{g(A)}$ is compact for any bounded subset $A \subset E \times R$) ,

(iv) $g(x,\mu) = o(\|x\|)$ for $x = 0$, uniformly with respect to μ on closed intervals (i.e., for any interval $[a,b]$ and any $\varepsilon > 0$ there is $\delta > 0$ such that $\|x\| \leq \delta$, $\mu \in [a,b]$ imply $\|g(x,\mu)\| < \varepsilon \cdot \|x\|$) .

From (iv) we see immediately that $g(0,\mu) = 0$ for each μ. The points $(0,\mu)$ are called *trivial solutions* of the equation (*). Denote by S the closure of the set of non-trivial solutions of (*). The point $(0,\mu)$ is called a *bifurcation point* if $(0,\mu) \in S$. From (iv) it follows at once that if μ is not a characteristic value of B, then $(0,\mu)$ is not a bifurcation point. For a characteristic value μ_o we let $C(\mu_o)$ denote the connected component of C containing $(0,\mu_o)$. If μ_o is a characteristic value and $(0,\mu_o)$ is not a bifurcation point we let $C(\mu_o) = \{(0,\mu_o)\}$.

In the formulation of Theorems (C.1), (C.2) and (C.3) we make the following

<u>GENERAL ASSUMPTION</u>. f satisfies the conditions (i) - (iv) and μ_o is a characteristic value of B of odd multiplicity.

(C.1) <u>THEOREM</u> (Krasnosielski). *$C(\mu_o) \neq \{(0,\mu_o)\}$ (i.e., $(0,\mu_o)$ is a bifurcation point).*

(C.2) <u>THEOREM</u> (Rabinowitz). *$C(\mu_o)$ is either unbounded or there exists a characteristic value $\bar{\mu}_o$ of B such that $\bar{\mu}_o \neq \mu_o$, $\bar{\mu}_o$ is of odd multiplicity and $(0,\bar{\mu}_o) \in C(\mu_o)$.*

(C.3) <u>THEOREM</u> (Ize). *Assume that $C(\mu_o)$ is bounded (hence compact). Let $\mu_1 < \mu_2 < \dots < \mu_p$ denote the set of all characteristic values of odd multiplicity such that $(0,\mu_i) \in C(\mu_o)$ (μ_o equals one of μ_i). Let n_i denote the number of odd multiplicity characteristic values lying between μ_i and μ_{i+1}. Then*

$$1 + \sum_{i=1}^{p-1} (-1)^{i} (-1)^{n_1+\ldots+n_i} = 0 .$$

As an immediate consequence of (C.3) we have

(C.4) <u>COROLLARY</u>. *If* $C(\mu_o)$ *is bounded, then* p *is even. In view of this,* (C.1) *is a special case of* (C.3) *and* (C.2) *is an easy consequence of* (C.3).

<u>PROOF of Theorem</u> (C.3). Choose $a_1 < a_2 < \ldots < a_{2p}$ such that $a_{2j-1} < \mu_j < a_{2j}$ and $[a_{2j-1}, a_{2j}]$ does not contain characteristic values different from μ_j. Since $C(\mu_o)$ is bounded we may choose an open bounded neighborhood U of $C(\mu_o)$ and $r > 0$ so small that

(a) $U \cap (D(r) \times R) = D(r) \times \bigcup_{j=1}^{p} (a_{2j-1}, a_{2j})$ (thus U satisfies the condition $(\overset{*}{*})$ of section A),

(b) $f^{-1}(0) \cap \partial U = \bigcup_{i=1}^{2p} \{(0, a_i)\}$,

(c) $\|g(x, a_i)\| < \|x - a_i Bx\|$ for $x \in D(r)$ (this is possible because of (iv)).

Let

$$(A,B) = \bigcup_{i=1}^{2p} (A_i, B_i) , \qquad C = \bigcap_{i=1}^{2p} C_i , \qquad C_o = \overline{\partial U \setminus A} .$$

Thus $C_o \subset C$ and $0 \notin f(C)$. Hence we may choose $\rho > 1$ such that

$$f(C) \subset R(\rho) = \{x \in E \ ; \frac{1}{\rho} \leq \|x\| \leq \rho\} .$$

Therefore $f : (X,C) \to (D(\rho), R(\rho))$. Consider the following commutative diagram in which rows labelled (2) and (3) are parts of exact sequences of corresponding pairs and the vertical homomorphisms between these rows are induced by inclusions.

$$
\begin{array}{cccccccc}
 & & & H^{\infty-1}(A,B) & \xrightarrow{\cong} & \bigoplus_{i=1}^{2p} H^{\infty-1}(A_i,B_i) & & \\
 & & & \uparrow \cong & & \downarrow \oplus \omega_i & & \\
(2) & H^{\infty-2}(C) & \longrightarrow & H^{\infty-1}(X,C) & \xrightarrow{j^*} & H^{\infty-1}(X) & \longrightarrow & H^{\infty-1}(C) \cong 0 \\
 & \downarrow & & \downarrow \cong & & \downarrow & & \\
(3) & H^{\infty-2}(C_o) & \longrightarrow & H^{\infty-1}(\partial U, C_o) & \xrightarrow{j_o^*} & H^{\infty-1}(\partial U) & & \\
 & \uparrow f^* & & \uparrow f^* & & & & \\
 & H^{\infty-2}(R(\rho)) & \longrightarrow & H^{\infty-1}(D(\rho),R(\rho)) & & & &
\end{array}
$$

Choose a generator $\gamma \in H^{\infty-1}(D(\rho),R(\rho))$. Let

$$f^*(\gamma) = \sum_{i=1}^{2p} m_i \cdot \beta_i \in H^{\infty-1}(A,B) \cong \bigoplus_{i=1}^{2p} H^{\infty-1}(A_i,B_i) .$$

By (B.5) condition (b) implies $-m_{2j-1} = m_{2j}$. Thus

$$f^*(\gamma) = \sum_{j=1}^{p} m_{2j-1} [\beta_{2j-1} - \beta_{2j}] .$$

By the Main Lemma (A.3)

$$\omega_i(\beta_i) = c(-1)^i \alpha , \quad \text{where } |c| = 1.$$

Therefore

$$(\bigoplus_i \omega_i)(f^*(\gamma)) = -2 \cdot c \sum_{j=1}^{p} m_{2j-1} \alpha .$$

On the other hand, the exactness of the row (3) gives $j_o^* f^*(\gamma) = 0$. Hence

$$j^* f^*(\gamma) = (\bigoplus_i \omega_i)\, f^*(\gamma) = 0 \; .$$

Therefore $\sum_{j=1}^{p} m_{2j-1} = 0$. From the definition of n_i we have

$$m_3 = (-1)(-1)^{n_1}\, m_1 \; , \qquad m_5 = (-1)^2(-1)^{n_1+n_2}\, m_1 \; .$$

Therefore

$$\sum_{j=1}^{p} m_{2j-1} = m_1 \left[1 + \sum_{j=1}^{p-1} (-1)^j (-1)^{n_1+\dots+n_j} \right] = 0$$

and the theorem is proved.

REFERENCES

[JEM] MARSDEN, J.E., *Qualitative methods in bifurcation theory*, One-hour invited address presented to the AMS, San Luis Obispo, November 1977 (mimeographed notes).

[LN] NIRENBERG, L., *Topics in nonlinear analysis*, Courant Institute Lecture Notes (1963).

Achevé d'imprimer à Montréal en mai 1980.

47. **Introduction à la théorie des sites et son application à la construction des préschémas quotients.** Masayoshi MIYANISHI
48. **Méthodes logiques en géométrie diophantienne.** Shuichi TAKAHASHI
49. **Index Theorems of Atiyah — Bott — Patodi and Curvature Invariants.** Ravindra S. KULKARNI
50. **Numerical Methods in Statistical Hydrodymamics.** Alexandre CHORIN
51. **Introduction à la théorie des hypergraphes.** Claude BERGE
52. **Automath, a Language for Mathematics.** Nicolaas G. DE BRUIJN
53. **Logique des topos (Introduction à la théorie des topos élémentaires).** Dana SCHLOMIUK
54. **La Série génératrice exponentielle dans les problèmes d'énumération.** Dominique FOATA
55. **Feuilletages : résultats anciens et nouveaux (Painlevé, Hector et Martinet).** Georges H. REEB
56. **Finite Embedding Theorems for Partial Designs and Algebras.** Charles C. LINDNER, Trevor EVANS
57. **Minimal Varieties in Real and Complex Geometry.** H. Blaine LAWSON, Jr.
58. **La Théorie des points fixes et ses applications à l'analyse.** Kazimierz GEBA, Karol BORSUK, Andrzej JANKOWSKI et Edward ZHENDER
59. **Numerical Analysis of the Finite Element Method.** Philippe G. CIARLET
60. **Méthodes numériques en mathématiques appliquées.** J.F. Giles AUCHMUTY, Michel CROUZEIX, Pierre JAMET, Colette LEBAUD, Pierre LESAINT, Bertrand MERCIER
61. **Analyse numérique matricielle.** Paul ARMINJON
62. **Problèmes d'optimisation en calcul des probabilités.** Serge DUBUC
63. **Chaînes de Markov sur les permutations.** Gérard LETAC
64. **Géométrie différentielle stochastique.** Paul MALLIAVIN
65. **Numérical Methods for Solving Time-Dependant Problems for Partial Differential Equations.** Heinz-Otto KREISS
66. **Difference Sets in Elementary Abelian Groups.** Paul CAMION
67. **Groups in Physics : Collective Model of the Nucleus; Canonical Transformations in Quantum Mechanics.** Marcos MOSHINSKY
68. **Points fixes pour les applications compactes : espaces de Lefschetz et la théorie de l'indice.** Andrzej GRANAS
69. **Set Theoretic Methods in Homological Algebra and Abelian Groups.** Paul EKLOF
70. **Abelian p-Groups and Mixed Groups.** Laszlo FUCHS
71. **Integral Representations and Structure of Finite Group Rings.** Klaus W. ROGGENKAMP
72. **Homological Invariants of Modules over Commutative Rings.** Paul ROBERTS
73. **Representations of Valued Graphs.** Vlastimil DLAB